Roberto Quesquén Fernández
José Rivasplata Cruz

Introdução à Oceanografia

Roberto Quesquén Fernández
José Rivasplata Cruz

Introdução à Oceanografia

Com ênfase na oceanografia física

ScienciaScripts

Imprint

Any brand names and product names mentioned in this book are subject to trademark, brand or patent protection and are trademarks or registered trademarks of their respective holders. The use of brand names, product names, common names, trade names, product descriptions etc. even without a particular marking in this work is in no way to be construed to mean that such names may be regarded as unrestricted in respect of trademark and brand protection legislation and could thus be used by anyone.

Cover image: www.ingimage.com

This book is a translation from the original published under ISBN 978-620-2-15205-1.

Publisher:
Sciencia Scripts
is a trademark of
Dodo Books Indian Ocean Ltd. and OmniScriptum S.R.L publishing group

120 High Road, East Finchley, London, N2 9ED, United Kingdom
Str. Armeneasca 28/1, office 1, Chisinau MD-2012, Republic of Moldova, Europe
Printed at: see last page
ISBN: 978-620-7-66878-6

Conteúdo

CAPÍTULO I

INTRODUÇÃO

Os oceanos sempre despertaram a curiosidade e o interesse do homem em compreendê-los. Ao longo da história, o ocëano teve um forte impacto na vida do homem. Embora este princípio seja amplamente aceite, é muitas vezes pouco compreendido. Além disso, o seu estudo é complexo porque este sistema, o oceano, está intimamente inter-relacionado com outros sistemas, como a atmosfera e a biosfera. Por esta razão, é necessário recorrer a outras ciências como a meteorologia, a ecologia, a geoeconomia, a física, a química, etc.

Os conhecimentos adquiridos permitem a formulação de alguns modelos matemáticos que prevêem com bastante precisão, com alguns meses de antecedência, a ocorrência de fenómenos e/ou a alteração dos principais parâmetros do oceano.

A Terra é um sistema composto por subsistemas que interagem entre si de forma complexa. Estes são a geosfera, a hidrosfera e a atmosfera, cada um dos quais deu origem a uma ciência, nomeadamente a geologia, a oceanografia e a meteorologia, todas conhecidas como ciências da terra. Estas ciências, abordadas desta forma, têm sido muito bem sucedidas na explicação e compreensão do nosso planeta Terra.

Estes três componentes constituem fluidos em movimento cuja principal diferença é a sua viscosidade. A geosfera tem a viscosidade mais elevada, pelo que o seu movimento é muito mais lento.

O oceano e a atmosfera são os subsistemas com maior número de elementos em interação que determinam a dinâmica dos oceanos e os fenómenos que os afectam diretamente.

Uma vez que, em última análise, é do interesse do homem conhecer os oceanos para utilizar de forma adequada os recursos que contêm, os gestores destes recursos não podem ignorar as leis da natureza, que constituem a base de qualquer gestão ambiental.

O presente trabalho, uma elaboração do texto - Introdução à Oceanografia, é a primeira parte de um projeto de texto mais vasto. Os primeiros quatro capítulos deste texto incluem aspectos básicos e complementares necessários para uma compreensão clara dos capítulos posteriores. Assim, após a presente introdução, o capítulo 2 apresentará os aspectos básicos da ciência da física como as dimensões e unidades mais utilizadas em oceanografia, as leis físicas fundamentais para a compreensão das principais profissões oceanográficas e algumas propriedades desta ciência como a gravidade, a pressão e os campos de massa. O capítulo 3 aborda os diferentes elementos da atmosfera e dos oceanos que interagem entre si e que são importantes para a caraterização da dinâmica das massas de água. O Capítulo 4 trata do fluxo de calor de equilíbrio para a Terra e de aspectos gerais do processo de distribuição de calor e do seu impacto nos oceanos.

No Capítulo 5 começaremos a lidar com o oceano propriamente dito, por isso o primeiro tópico são as variáveis oceânicas, isto é, a temperatura, a salinidade e a pressão. Iremos defini-las, discutir as suas origens, a sua variabilidade e distribuição nos oceanos, bem como as unidades utilizadas. Serão apresentados métodos úteis de representação destas variáveis.

O Capítulo 6 trata das propriedades físicas dos oceanos. Aqui serão abordadas as principais propriedades, como a densidade, bem como as propriedades térmicas do mar, como a capacidade calorífica e outras. Também analisaremos a sua distribuição e a sua variabilidade no espaço e no tempo nos oceanos.

O capítulo 7 estuda a camada superficial dos oceanos, os processos que nela ocorrem, a influência dos ventos sobre esta camada e a interação que nela ocorre. Os factores que as delimitam e os factores que as geram. Finalmente, no capítulo 8, talvez o mais extenso e o mais estudado capítulo sobre os oceanos devido ao impacto que tem em todos os processos oceanográficos, como é gerada a circulação e quais são as principais circulações nos oceanos. O objetivo deste texto é apresentar estes temas de uma forma clara e compreensível, a fim de servir de referência para os estudantes de pescas e disciplinas afins. Na medida do possível, evitar-se-á o recurso a explicações matemáticas e físicas que envolvam equações complexas ou exijam conhecimentos profundos de matemática, mas sem perder o correspondente rigor científico.

CAPÍTULO II

FÍSICA BÁSICA PARA OCEANOGRAFIA

A compreensão dos oceanos, das suas propriedades e dos processos que ocorrem nos oceanos pode muitas vezes ser explicada e compreendida com base em ciências básicas como a matemática e a física. Vários princípios e leis destas ciências são frequentemente usados em oceanografia. Neste capítulo vamos relembrar os mais frequentemente usados neste campo. Em primeiro lugar, é necessário definir as unidades e as dimensões.

A palavra dimensão refere-se geralmente ao tamanho das coisas, mas na ciência da física representa a categoria fundamental pela qual as características ou propriedades, processos ou corpos físicos são descritos. Neste caso, não se trata de uma grandeza numérica. Ora, na mecânica e na hidrodinâmica, estas dimensões fundamentais são a massa, o comprimento e o tempo que são designados pelos símbolos M, L e T. No entanto, na sua caraterização são expressas com unidades acompanhadas de grandezas numéricas. Existem dois tipos de unidades, as fundamentais e as derivadas.

Unidades fundamentais. As unidades de massa, comprimento e tempo geralmente aceites são o grama, o centímetro e o segundo, assim agrupados são conhecidos como o sistema c.g.s. Em oceanografia nem sempre é prático usar estas unidades, por isso para medir profundidades é mais conveniente usar o metro como unidade, para massas é mais conveniente usar toneladas, para tempo é usado o segundo (sistema m.t.s.). Para os processos térmicos, a unidade utilizada é o grau Celsius (°C). Quando se medem distâncias horizontais, é mais conveniente medir em milhas náuticas ou quilómetros. Por essa razão, em oceanografia, é necessário indicar as unidades em que se está a medir.

Unidades derivadas. Em mecânica, as unidades derivadas são expressas nas três dimensões M, L e T e pelos valores das unidades utilizadas. $^{-1}$Assim, a velocidade tem a dimensão comprimento dividido pelo tempo, que se escreve LT e é expressa em centímetros por segundo ou metros por segundo. A velocidade pode, de facto, ser expressa em muitas outras unidades, como milhas por hora ou milhas por dia, mas as dimensões são as mesmas.

Prazo	Dimensão	Unidade no sistema c.g.s.	Unidade no sistema m.t.s.
Unidade f fundamental			
Massa Comprimento			
Tempo		g	
Unidade derivada		cm	tonelada métrica = 106 g metro = 102 cm
Velocidade Aceleração	M L T	s	s
Velocidade angular	LT-1 LT-2	cm/s	m/s = 100 cm/s m/s2 = 100 cm/s2
Momento Força	T-1	cm/s2 1/s	1/s
Impulso Trabalho	MLT-1 MLT-2 MLT-1 MLT-1 ML2T-2	g cm/s	ton m/s = 108 g cm/s ton m/s2 =
Energia cinética	ML2T-2 ML2T-2	g cm/s2 = 1 dine	108 dynes ton m/s = 108 g cm/s ton
Atividade (energia)	ML2T-3	g cm/s	m2/s2 = 1 kilojoule ton m2/s2 =
Densidade	ML-3	g cm2/s-2 = 1 erg	1 kilojoule ton m2/s = 1 kilowatt
Volume específico	M-1L3 ML-1T-2	g cm2/s2 = 1 erg	ton/m = g/cm3 m3/ton = cm3/g
Pressão	L2T-2 ML-1T-1 L2T-1 L2T-1 L2T-1 L2T-1	g cm2/s3 = 1 erg/s	ton/m/s =1 centibar
Potencial gravitacional		g/cm3	m2/s2 = 1 decímetro dinâmico
Viscosidade dinâmica		cm /g	ton/m/s = 104 g/cm/s m2/s = 104 cm2/s
Viscosidade cinemática		g/cm/s2 = dyne/cm2 cm2	m2/s = 104 cm2/s
Difusão		cm2/s2 g/cm/s cm2/s cm2/s cm2/s cm2/s	

A tabela mostra as dimensões de alguns termos que são frequentemente utilizados em oceanografia. Alguns termos têm as mesmas dimensões, embora os conceitos sejam diferentes.

Nas equações físicas, todas as tërmicas devem ter as mesmas dimensões com expoentes iguais. [-2]No entanto, em algumas relações isso geralmente não é bem exato, por exemplo, ao dizer que a aceleração de um corpo é igual à soma das forças que atuam sobre esse corpo, ao comparar suas dimensões temos que a aceleração é LT-, enquanto a força é MLT. A forma correcta de dizer é que a aceleração de um corpo é igual à soma das forças por unidade de massa que actuam sobre esse corpo. Um exemplo de formas correctas de expressar as relações físicas é a pressão exercida por uma coluna de água de densidade constante p, e altura h num local onde a aceleração da gravidade é g.

$$p = \rho g h$$

$$ML^{-1}T^{-2} = ML^{-3} \times LT^{-2} \times L$$
$$ML^{-1}T^{-2} = ML^{-1}T^{-2}$$

Algumas das constantes que aparecem nas equações físicas têm dimensões e os seus valores numéricos dependem das unidades particulares que foram atribuídas às dimensões fundamentais, enquanto outras constantes não têm dimensão e, portanto, são independentes do sistema de unidades. [-3]A densidade tem dimensões ML, mas a densidade da água pura a 4° tem o valor numérico de 1 apenas se as unidades de massa e comprimento forem seleccionadas de uma forma especial (gramas e centímetros ou toneladas métricas e metros). [-] [3-3]Por outro lado, a gravidade específica, que é a densidade de um corpo em relação à densidade da água pura a 4°, não tem dimensão (ML / ML) e é expressa pelo mesmo número, dependendo do sistema de unidades utilizado.

2.1. LEIS FÍSICAS UTILIZADAS EM OCEANOGRAFIA

São eles:

1. Conservação da massa.
2. Conservação de energia.
3. A Primeira Lei do Movimento de Newton, que nos diz que se não houver uma força resultante a atuar sobre um corpo, não haverá qualquer alteração no movimento do corpo.
4. Segunda Lei do Movimento de Newton, na qual a alteração na mudança de movimento é diretamente proporcional à força resultante que actua sobre ele e está na direção dessa força.
5. A Terceira Lei do Movimento de Newton, que afirma que para qualquer força que actue num corpo existe uma força igual e oposta que actua noutro corpo.
6. Conservação do momento angular.
7. A lei da gravitação de Newton.

Em termos estritos, as duas primeiras leis estão relacionadas, mas para o nosso caso, em que não estamos envolvidos na conversão Massa ^ Energia, é conveniente mantê-las separadas. A conservação da massa é fundamental, mas em oceanografia usamos maioritariamente a chamada equação da continuidade, que expressa a conservação da massa/unidade de volume (densidade) ou volume. As leis 3, 4 e 5 são aspectos da conservação do momento linear.

Os dois tipos de energia cuja conservação é importante em oceanografia são o calor e a mecânica. A conservação do calor, ou balanço térmico, é mais importante quando se discute a distribuição da temperatura como uma propriedade da água do mar. Por outro lado, a conservação da energia mecânica é considerada quando se trata de ondas, enquanto a conversão de energia mecânica em calor é considerada um processo de perda que não será discutido aqui.

O oceano é dinâmico, ou seja, está em constante movimento. Em alguns casos, o movimento ocorre sob um sistema de forças em equilíbrio, de tal forma que nenhuma força resultante actua, sendo este o caso abrangido pela Primeira Lei do Movimento de Newton. Noutros casos, existe uma força resultante e ocorre aceleração, as relações entre força e aceleração são determinadas pela Segunda Lei de Newton. O momento angular ocorre na vorticidade. A Lei da Gravitação, na sua forma atual, é aplicada principalmente na dinâmica das marés oceânicas, embora seja também importante para determinar a distribuição da pressão hidrostática e a causa do movimento quando ocorre uma mudança de densidade.

Um exemplo da aplicação destas leis é a equação que descreve o movimento no oceano, derivada da segunda lei de Newton, que exprime a conservação do momento (ou seja, o produto da massa pela velocidade) da seguinte forma:

$$\mathbf{F} = m\,\mathbf{a}$$

As letras em negrito indicam vectores e as letras em itálico indicam valores escalares. Nos fluidos, esta equação é expressa em tërms de força por unidade de massa:

$$\mathbf{F'} = \frac{\mathbf{F}}{m}$$

do que se conclui que:

$$\mathbf{F'} = \frac{d\mathbf{v}}{dt}$$

onde $\mathbf{v} = (u,v,w)$ é a velocidade expressa nas suas componentes ao longo dos eixos x, y e z (x para leste, y para norte e z para baixo). Recorde-se que a aceleração (**a**) é igual a **dv/dt**.

Se existir mais do que uma força, a segunda lei de Newton aplica-se à soma de todas as forças envolvidas. A lei é válida num sistema de coordenadas absoluto, ou seja, num sistema estacionário ou num sistema que se move a velocidade constante. Em oceanografia, os sistemas de coordenadas são geralmente definidos com a sua origem algures na superfície da Terra, pelo que não são nem estacionários nem se movem a velocidade constante, mas sim rodam com a Terra. Para resolver este problema, é incluída uma força aparente na segunda lei de Newton para ter em conta os efeitos da rotação. Somando todas as forças que actuam sobre o oceano, a segunda lei de Newton assume a forma seguinte:

aceleração da partícula = - gradiente de pressão + força de Coriolis + força de maré por unidade de massa + atrito + gravidade

A força de maré é considerada apenas em problemas de maré, portanto não é necessário incluí-la na circulação geral dos oceanos. Por outro lado, a força gravitacional não exerce qualquer força horizontal e, portanto, não pode produzir qualquer aceleração horizontal e só é importante quando se consideram movimentos que incluem movimentos verticais como a convecção, as ondas, etc.

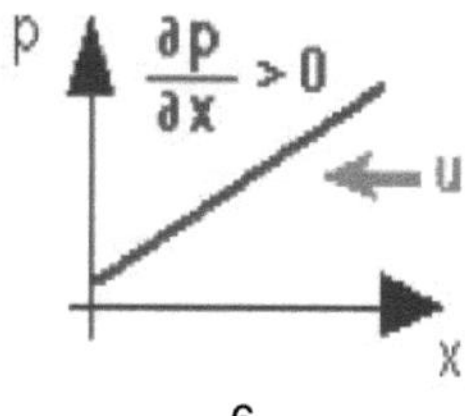

Figura 2.1

Da fórmula acima, o gradiente de pressão é negativo ^porquê? Observando a figura em anexo (Figura 2.1), a pressão p aumenta à medida que a distância x aumenta (para a direita), o gradiente de pressão é positivo, mas a aceleração é da pressão alta para a pressão baixa, pelo que a corrente u flui para baixo do gradiente de pressão (para a esquerda).

A força de Coriolis é uma força aparente e existe apenas para um observador num sistema de referência em rotação. Em oceanografia, as correntes são sempre expressas em relação ao fundo do oceano (que gira com a Terra) e, portanto, só podem ser corretamente analisadas se a força de Coriolis for tida em conta na soma das forças.

2.2. CAMPOS DE GRAVIDADE, PRESSÃO E MASSA

Normalmente, o ocëano é caracterizado pelas suas dimensões geométricas. Mas em problemas de estática e dinâmica que envolvem a ação de forças isto não é suficiente. Para isso, é conveniente tomar como referência níveis de superfície que em qualquer dos seus pontos é normal à força da gravidade (Sverdrup, 1942) e nem sempre coincide com as superfícies de igual profundidade geométrica. Nestas condições, quando apenas a força da gravidade actua sobre uma massa, esta desloca-se ao longo de uma superfície de nível sem dispêndio de trabalho e a quantidade de trabalho despendido ou ganho na deslocação de uma unidade de massa de uma superfície para outra é independente do percurso efectuado. A quantidade de trabalho, W, necessária para mover uma unidade de massa numa distância, h é:

$$W = g\,h$$

onde g é a aceleração da gravidade. [2]O trabalho por unidade de massa tem dimensões $L\,T2$, pelo que o valor numérico depende apenas das unidades utilizadas para o comprimento e o tempo. Quando o comprimento é medido em metros e o tempo em segundos, a unidade de trabalho por unidade de massa é designada por *decímetro dinâmico*.

Se considerarmos a superfície do mar como um nível de' superfície. O trabalho necessário ou ganho ao mover uma unidade de massa do nível do mar para um ponto acima ou abaixo é chamado de *potencial gravitacional* e, no sistema m.t.s., a unidade prática de potencial gravitacional é o *metro dinâmico* (embora o mais comumente usado seja o decímetro dinâmico) e seu símbolo é -*DII*. No que diz respeito ao mar, o eixo vertical é tomado como positivo para baixo. Assim, o geopotencial de uma superfície plana à profundidade geométrica z, em metros dinâmicos, é:

$$D = \frac{1}{10} \int_0^z g\,dz$$

Por outro lado, a profundidade geométrica em metros de uma determinada superfície plana é:

$$z = 10 \int_0^D \frac{1}{g}\,dD$$

O campo gravitacional. A gravidade é o resultado de duas forças, a atração da terra e a força centrífuga devida à rotação da terra. $^{(\varphi)\cdot}$ Além disso, não é necessário ter em conta as pequenas variações irregulares da gravidade, basta tomar o valor normal, em metros por segundo, que ao nível do mar pode ser representado em função da latitude. O valor normal nos pólos é 9,83205 e no equador é 9,78027. Além disso, de acordo com Bjerknes (1941), a gravidade aumenta com a profundidade. Consequentemente, o geopotencial, em metros dinâmicos, para uma dada profundidade, z:

$$D = \frac{g_0}{10} z + 0{,}1101 \times 10^{-6} z^2$$

Para determinar a profundidade correspondente a um determinado valor de D:

$$z = \frac{10}{g_0} D - 0{,}1168 \times 10^{-6} D^2$$

Em primeira aproximação, $D = 0{,}98z$ e $z = 1{,}02D$. Isto significa que o valor que representa a profundidade em metros se afasta apenas cerca de 2% do valor que representa o geopotencial em metros dinâmicos. [2-12]É preciso ter em conta que o metro dinâmico é uma medida de trabalho por unidade de massa (LT) e não uma medida de comprimento ($L\,T$).

O campo gravitacional pode ser descrito por um conjunto de superfícies equipotenciais correspondentes a intervalos de potencial gravitacional padrão. As distâncias são iguais se for utilizado o geopotencial como coordenada vertical, mas se for utilizada a profundidade geométrica, a distância entre as superfícies equipotenciais varia. Se o campo for representado por superfícies equipotenciais em intervalos de um decímetro dinâmico,

da definição destas superfícies resulta que o valor питёнсо da aceleração da gravidade é o recíproco da espessura geométrica, dada em metros, da camada unitária.

O campo de depressão. A distribuição da pressão no mar pode ser determinada pela equação de equilíbrio estático:

$$dp = k\rho_{s,t,p}\,g\,dz$$

Aqrn, k é um fator numérico que depende da unidade utilizada e $\rho_{s,t,p}$ é a densidade da água. No que diz respeito a aqw, é suficiente sublinhar que, na medida em que as condições o permitam, a equação é exacta para todos os efeitos práticos.

Introduzindo o geopotencial, expresso em metros dinâmicos como coordenada vertical, obtém-se $10dD = gdz$. [62]Quando a pressão é medida em *decibares* (definida por 1 bar = 10 dynes por cm), o fator k é então igual a 1/10 e a equação reduz-se a

$$dp = \rho_{s,t,p}\,dD \quad \text{o} \quad dD = \alpha_{s,t,p}\,dp$$

$\alpha_{s,t,p}$ em que é o volume específico.

Como a densidade e o volume específico diferem pouco da unidade, uma diferença de pressão em decibares tem quase o mesmo valor numérico que a diferença geopotencial em metros dinâmicos ou a diferença de profundidade geométrica em metros:

$$p_1 - p_2 = D_1 - D_2 = z_1 - z_2$$

Um sistema de superfícies isobáricas permite uma boa descrição do campo de pressão. De facto, utilizando o geopotencial como coordenada vertical, a distribuição da pressão pode ser apresentada por uma série de mapas com isóbaras em superfícies de nível padrão ou por uma série de mapas da topografia geopotencial de superfícies isobáricas padrão. Em meteorologia, a primeira forma é geralmente utilizada para mapas meteorológicos, nos quais a distribuição da pressão ao nível do mar é representada por isóbaras. Em oceanografia, por outro lado, tem sido prático representar a topografia geopotencial em superfícies isobáricas.

O gradiente de pressão é definido por:

$$G = -\frac{dp}{dn}$$

em que n (de dimensão L) está na direção normal à superfície isobárica. [-1--2—2-2-2--2—2-3-1-2]O gradiente de pressão tem o carácter de uma *força por unidade de volume*, uma vez que a pressão tem as dimensões de uma força por unidade de área ($ML\ T = MLT \times L$) e a dimensão de um gradiente de pressão é $ML\ T = MLT \times L$. Multiplicando o gradiente de pressão pelo volume específico, $M\ L\ 3$, obtém-se uma força por unidade de massa de dimensão LT.

O gradiente de pressão tem duas componentes principais: a componente vertical, com direção normal às superfícies de nível, e a componente horizontal, com direção paralela às superfícies de nível. Quando existe equilíbrio estático, a componente vertical, expressa em força por unidade de massa, é equilibrada pela aceleração da gravidade (obtida matematicamente através da equação de equilíbrio hidrostático). Num sistema em repouso, a componente horizontal não tem com quem se equilibrar e, portanto, existe um gradiente de pressão horizontal, o que significa que o sistema *não está em repouso* ou *não pode permanecer em repouso*. Por esta razão, o gradiente de pressão horizontal, embora extremamente pequeno, é importante para estabelecer o estado de movimento, enquanto o gradiente de pressão vertical é negligenciável a este respeito.

É evidente que não há movimento devido à distribuição de pressão se as superfícies isobáricas coincidirem com a superfície de nível. Neste estado de equilíbrio hidrostático perfeito, o gradiente horizontal de pressão desaparece e só estaria presente se a pressão atmosférica fosse constante actuando sobre a superfície do mar, se a superfície do mar coincidisse com o nível ideal do mar e se a densidade da água dependesse apenas da pressão.

Nenhuma destas condições é satisfeita. As superfícies isobáricas estão geralmente inclinadas em relação à superfície plana e o gradiente de pressão horizontal está presente, formando um campo de forças interno.

Este campo de forças pode também ser definido considerando as inclinações das superfícies isobáricas em vez dos gradientes horizontais de pressão. Por definição, o gradiente de pressão ao longo de uma superfície isobárica é zero, mas, se esta superfície não coincidir com uma superfície plana, uma componente da aceleração da gravidade actua ao longo da superfície isobárica e tenderá a pôr a água em movimento, ou terá de ser equilibrada por outras forças se for atingido um estado estacionário de movimento. O campo de forças internas pode, portanto, ser também representado pela componente da aceleração da gravidade ao longo das superfícies isobáricas.

Para uma descrição completa da força associada à distribuição de pressão, é necessário conhecer as isóbaras *absolutas* em superfícies planas ou as curvas de nível geopotenciais *absolutas de* superfícies isobáricas. Não é possível satisfazer estes requisitos. Uma das razões é que as medições das distâncias geopotenciais das superfícies isobáricas devem ser efectuadas a partir da superfície real do mar, cuja topografia é desconhecida. Na prática, o que pode ser feito é determinar a distribuição de pressão que estaria presente se dependesse apenas da distribuição de massa no mar. Esta parte do campo de pressão total é designada por *campo de pressão relativa*, mas é preciso lembrar que o *campo de pressão total* é composto pelo campo relativo e por um campo devido a forças externas, como a pressão atmosférica e o vento.

Através de observações de densidade a diferentes profundidades, o campo de pressão relativa pode ser derivado e pode ser representado pela topografia da superfície isobárica *relativa* com algumas das superfícies isobáricas arbitrariamente seleccionadas ou não. O campo de força *relativo* pode ser derivado da inclinação da superfície isobárica em relação à superfície de referência selecionada, mas para encontrar o campo de pressão absoluta e o correspondente campo de força absoluta, é necessário determinar a forma absoluta de uma superfície isobárica.

Estas considerações foram tidas em conta em pormenor porque é essencial estar plenamente consciente da diferença entre o campo de pressão absoluta e o campo de pressão relativa e saber que tipos de dados são necessários para determinar cada um destes campos.

O campo de massa. O campo de massa no ocëano é geralmente descrito por meio do volume específico, expresso por:

$$\alpha_{s,t,p} = \alpha_{35,0,p} + \delta$$

$\alpha_{35,0,p}$ δ. o campo de volume específico pode ser considerado como composto por dois campos, o campo de e o campo de .

O primeiro campo é de um único carácter. $\alpha_{35,0,p}$ $\alpha_{35,0,p}$ A superfície de correspondente ao ocëano padrão coincide com a superfície isobárica, os desvios desta em relação à superfície de nível são tão pequenos que, para fins práticos, as superfícies podem ser consideradas como coincidentes com as superfícies de nível ou com superfícies de igual profundidade geométrica. $\alpha_{35,0,p}$ $\alpha_{35,0,p}$ O campo de é, portanto, completamente descrito por meio de tabelas dadas em função da pressão, obtendo-se a relação média entre pressão, profundidade geopotencial e profundidade geométrica. δ. Uma vez que este campo é considerado constante, o campo de massa é descrito por meio do anomaHa do volume específico, .

δ. O campo de massa é representado através da topografia das superfícies do anomaHa ou através de mapas horizontais ou secções verticais em que as curvas de podem ser colocadas como uma constante. Este último método é o mais comum. δ. No entanto, deve ter-se sempre presente que o volume específico *in situ* é igual à soma do volume específico padrão, "35,0,p, à pressão *in situ* e do anomaHa, .

O campo de pressão relativa. É impossível determinar o campo de pressão relativa do mar através de observações directas, porque um erro de apenas 0,1 m em profundidade, qualquer manómetro introduzindo erros superiores às diferenças horizontais existentes.

No entanto, se o campo de massa for conhecido, o campo de pressão interna pode ser determinado a partir da equação de equilíbrio de estado numa das formas:

$$dp = \rho dD \quad o \quad dD = \alpha dp$$

Em oceanografia, a última forma é mais prática, embora ambas sejam aplicáveis. A integração da última forma dá:

$$D_1 - D_2 = \int_{p_1}^{p_2} \alpha_{s,\vartheta,p} \, dp$$

desde então:
$$\alpha_{s,\vartheta,p} = \alpha_{35,0,p} + \delta$$

então é possível escrever

$$\left(D_1 - D_2 \right)_s + \Delta D = \int_{p_1}^{p_2} \alpha_{35,0,p}\, dp + \int_{p_1}^{p_2} \delta dp$$

Da equação resulta que o campo de pressão relativa é composto por dois campos: o campo padrão e o campo de anomalia. O campo padrão é determinado uma vez e para todos os casos, se a salinidade do mar for constante a 35^ e a temperatura for constante a 0°C. A distância geopotencial padrão diminui com o aumento da pressão, porque o volume específico diminui (a densidade aumenta) com a pressão, segundo a qual a distância geopotencial padrão entre as superfícies isobáricas de 0 e 100 decibares é de 97,242 metros dinâmicos. Além disso, são independentes da latitude, ao contrário da distância geométrica que depende da variação de g. Por outro lado, a equação acima mostra que:

$$\left(D_1 - D_2 \right)_s = \int_{p_1}^{p_2} \alpha_{35,0,p}\, dp$$

y é designada por distância geopotencial padrão entre as superfícies isobáricas de *p1* e *p2* e onde:

$$\Delta D = \int_{p_1}^{p_2} \delta dp$$

Esta expressão é conhecida como a *anomofania da* distância geopotencial entre a superfície isobárica p1 e *p2* ou, em resumo, a *aiiomalia geopotencial*. Para avaliar esta equação, é necessário conhecer a anomafia, 5, em função da pressão absoluta. A anomafia é calculada a partir de observações de temperatura e salinidade, embora as observações oceanográficas forneçam informações sobre temperatura e salinidade a uma profundidade geométrica conhecida abaixo da superfície real do mar, e não a uma pressão conhecida. Estas dificuldades podem ser ultrapassadas por substituição artificial, porque a qualquer profundidade o valor da pressão absoluta expresso em decibares é quase o mesmo que o valor da profundidade, como é evidente a partir dos seguintes valores correspondentes:

Pressão normal do mar (decibares   )100020003000400050006000
Profundidade geomëtrica aproximada (metros)   99019752956393349065875

Assim, os valores da profundidade geomëtrica desviam-se apenas 1 ou 2% do valor da pressão padrão nessa profundidade. Esta relação não é acidental, embora se baseie na utilização de uma unidade prática de pressão, o decibar.

Segue-se que a temperatura à pressão de 1000 decibares é quase igual à temperatura à profundidade geométrica de 990m. O gradiente vertical de temperatura no oceano é pequeno, especialmente em grandes profundidades, e, portanto, nenhum erro de consideração é introduzido se, em vez de usar a temperatura a 990 m ao calcular 5, a temperatura a 1000 m e assim por diante pode ser usada. A *diferença* entre as anomalias de estações vizinhas será menos afetada por este procedimento, porque numa dada área o gradiente vertical de temperatura é semelhante. O erro introduzido será muito semelhante em ambas as estações e a diferença será um erro negligenciável. Na prática, *os números que representam a profundidade geométrica em metros* são considerados como *a representação da pressão absoluta em decibares*. Desta forma, é possível calcular, por meio de tabelas, o anomo-fismo do volume específico a uma dada pressão. Para obter a anomofísica geopotencial da camada isobárica em questão, expressa em metros dinâmicos, multiplica-se a anomofísica média do volume específico entre duas pressões pela diferença de pressão em decibares (que se considera igual a a diferença de profundidade em metros). Somando estas anomalias geopotenciais, é possível encontrar a anomalia correspondente entre qualquer par de pressões.

Uma vez que 5 diminui com a profundidade, 51-62 é positivo e a inclinação de uma superfície isobárica em relação a outra é de sinal oposto à inclinação das superfícies 5. Esta regra permite uma estimativa rápida das inclinações relativas da superfície isobárica numa secção em que o campo de massa foi representado pelas curvas 5.

Os perfis de superfície isobáricos baseados em dados de uma série de estações numa secção devem obviamente concordar com o declive da curva, tal como seria mostrado numa secção e baseado nos mesmos dados, mas esta regra óbvia recebe frequentemente pouca ou nenhuma atenção.

Características do campo de pressão total Do que precede resulta evidente que, na ausência de um campo de pressão relativa, as superfícies isostática e isobárica têm de coincidir. Por conseguinte, se, por qualquer razão, uma superfície isobárica, tal como a superfície livre, se desviar de uma superfície plana, então todas as superfícies isobáricas e isostáticas devem desviar-se de forma semelhante. Δ Assume-se que uma superfície isobárica em condições de agitação cai a uma distância h cm abaixo da posição em condições de não agitação. Δ Então, qualquer superfície isobárica ao longo da mesma vertical é também deslocada da sua posição h sem agitação. Δ A distância h é positiva para baixo porque o *eixo z* positivo aponta para baixo. A pressão a uma dada profundidade, em condições de ausência de agitação, designa-se por po. $\Delta \Delta \Delta$ A pressão em condições de agitação é $pi = po$ - p, em que p = gp h e em que se considera que há deslocamento devido ao défice ou excesso de massa na coluna de água considerada.

Esta consideração é igualmente válida se existir um campo de pressão relativa. A distribuição da pressão absoluta pode sempre ser determinada a partir da equação:

$$p_i = p_0 - g\rho\Delta h$$

e, portanto, saber-se-ia se Дh, deslocamento vertical da superfície isobárica por excesso ou défice de massa na coluna em consideração, pode ser determinado. Um campo de forças horizontal adicional está presente quando este deslocamento vertical varia de um local para outro, caso em que a superfície isobárica absoluta tem uma inclinação relativa à superfície isobárica do campo relativo. O campo adicional pode ser designado por campo de *inclinação* e esta análise conduz, assim, ao resultado de que o campo de pressão total é composto pelo campo interno e pelo campo *de inclinação*. Esta distribuição é muito útil quando se discute o carácter das correntes.

CAPÍTULO III

A ATMOSFERA E A SUA INTERACÇÃO COM OS OCEANOS

O planeta Terra é um sistema complexo cujos diferentes elementos interagem entre si. Nos últimos 30 anos, foram feitos avanços importantes na compreensão da interação entre o oceano e a atmosfera. Os efeitos e as causas destas interacções são complexos e é difícil determinar onde ocorrem a causa e o efeito. Na zona de contacto entre os dois, há uma troca de substâncias químicas em suspensão, de energia (principalmente calor) e de impulso (ventos). A circulação do oceano depende principalmente de dois factores atmosféricos: o vento e o aquecimento da água do mar.

O oceano, que pode armazenar calor muito melhor do que a atmosfera ou a terra, absorve mais calor por unidade de área na zona equatorial do que nos pólos. Este calor será transferido para as zonas mais frias do oceano por convecção ou movimento da água. A capacidade de armazenamento de calor do oceano é muito importante para modificar e influenciar o clima continental.

O vento que sopra sobre o oceano gera ondas, mistura as águas superficiais e extrai o vapor de água da superfície do mar, que acaba por ser transferido para a terra através da precipitação. Este ciclo, designado por ciclo hidrológico, completa-se quando a água regressa ao oceano. Perto da costa, o vento pode fazer com que a água superficial se desloque para o largo e seja substituída por água mais profunda, mais fria e rica em nutrientes. Este processo é conhecido como ressurgência e pode produzir zonas de pesca ricas, porque transporta nutrientes do fundo para as águas superficiais.

Breve descrição da atmosfera e da sua circulação geral

A atmosfera é uma camada gasosa que envolve o planeta Terra. 75% da atmosfera encontra-se nos primeiros 11 km de altitude a partir da superfície do planeta e 99% concentra-se nos primeiros 30 km. Comparada com o raio da Terra (6400 km), a espessura da atmosfera é muito pequena, e a espessura atmosférica é muito pequena.

A sua composição química é influenciada pela atividade da biosfera, como a fotossíntese e a respiração. É também importante nos ciclos biogeoquímicos, no controlo do clima e do ambiente em que vivemos, e contém dois dos três elementos essenciais à vida (azoto e carbono), para além do oxigénio. O homem, com a sua própria atividade na sociedade atual, está a modificar a composição da atmosfera, como o aumento do dióxido de carbono ou do metano (causador do efeito de estufa), do óxido de azoto (causador das chuvas ácidas) ou da emissão de fluorocarbono (responsável pela diminuição da camada de ozono).

Para facilitar o estudo, a atmosfera foi dividida em camadas: troposfera, tropopausa, estratopausa, mesopausa e termopausa, exosfera. A **troposfera**, que se estende até um hemisfério superior chamado **tropopausa**, tem em média cerca de 12 quilómetros (9 km nos pólos e 18 km no equador). Aqui ocorrem os movimentos verticais e horizontais das massas de ar (ventos) e existe uma relativa abundância de água, devido à sua proximidade com a hidrosfera. Nesta zona, encontram-se as nuvens e os fenómenos meteorológicos como a precipitação, os ventos, as mudanças de temperatura, etc. Na troposfera, a temperatura diminui com a altitude, atingindo -70°C no hemisfério superior. A **estratosfera** começa na tropopausa e vai até aos 50 km de altitude. Aqui a temperatura muda a sua tendência e sobe até **~0°C**. Quase não existe movimento vertical do ar, mas os ventos horizontais atingem frequentemente 200 km/h, pelo que qualquer substância presente nesta camada se espalha rapidamente pelo globo, como é o caso dos CFC destruidores do ozono. O ozono está localizado entre 30 e 50 km e absorve a radiação nociva de ondas curtas.

A **mesosfera** estende-se de 50 km a 90 km. Caracteriza-se por concentrações negligenciáveis de ozono e de vapor de água e por uma diminuição da temperatura, que atinge -80 a -90°C a uma altitude de 80 km (mais baixa do que as duas camadas anteriores). À medida que a altitude da Terra aumenta, a atmosfera começa a ser enriquecida com gases mais leves. A esta altitude, os gases residuais começam a estratificar-se de acordo com a sua massa molecular, devido a uma separação por efeito da gravidade.

A **ionosfera** ou **termosfera** atinge até 400 km de altitude. A sua densidade é muito baixa porque o ar é rarefeito. AШ onde ocorrem as luzes do norte e onde certas frequências de ondas de rádio são reflectidas de volta à terra, mas o seu funcionamento tem pouco efeito sobre os seres vivos. ⁰Mais uma vez, o nível tërmico aumenta com a altitude, especialmente entre 120 e 150 km *(300 C),* e a partir dos 150 km o aumento é mais suave. Acima dos 80 km, a radiação ultravioleta, os raios X e a chuva de electrões do Sol ionizam várias camadas da atmosfera, tornando-as condutoras de eletricidade.

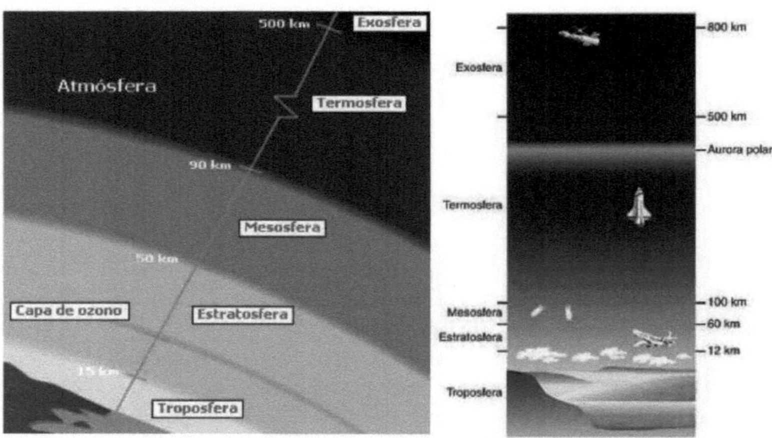

FIGURA 3.01. Fonte: http://encolombia.com/medioambiente/ Componentes_Medio.htm
FIGURA 3.02. Fonte: www.ieslosremedios.org/ ~elena/ websociales/index.html

A **exosfera** é a zona de transição entre o espaço exterior e a massa gasosa que envolve o planeta. Está situada entre 900 e 9.600 km acima do nível do mar. É constituída por plasma. Nela, a ionização das moléculas faz com que a atração do campo magnético da Terra seja mais forte do que a do campo gravitacional (razão pela qual também é chamada magnetosfera). Assim, as moléculas dos gases mais leves escapam para o espaço interplanetário sem que a força gravitacional da Terra seja suficiente para as reter.

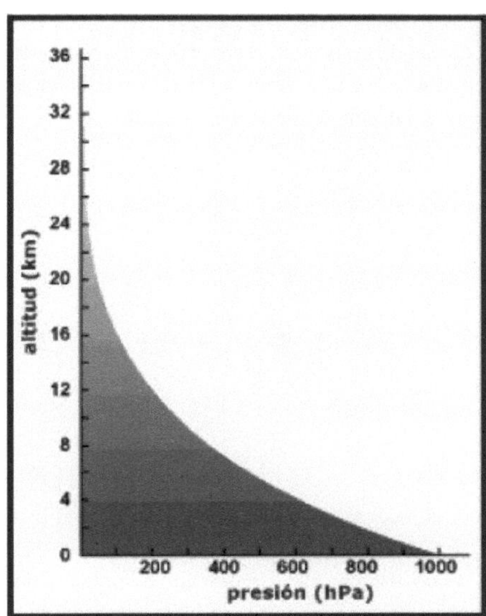

FIGURA 3.03. Fonte: http://www.atmosfera.cl/

A **pressão atmosférica** num ponto corresponde à força (peso) que a coluna atmosférica acima desse local exerce por unidade de área, devido à atração gravitacional da Terra. A unidade utilizada é o hectopascal (hPa) ou milibar (mb). [2]A pressão atmosférica média ao nível do mar é ligeiramente superior a 1000 hPa, ou seja, cerca de 10 toneladas por metro quadrado (1 kg por cm). Como a atmosfera é compressível, o efeito da força gravitacional faz com que a sua densidade diminua com a altura, o que, por sua vez, explica o facto de a diminuição da pressão com a altura não ser linear, como mostra a figura abaixo.

FIGURA 3.04.

A **circulação geral da atmosfera** tem a sua origem na energia irradiada pelo Sol. A forma do nosso planeta é esférica, pelo que os raios solares atingem a superfície em direcções latitudinalmente diferenciadas, dando origem a um aquecimento diferenciado. Assim, quando os raios solares incidem perpendicularmente à superfície na zona equatorial, esta é aquecida em maior proporção do que nas zonas polares onde os raios solares incidem obliquamente, cobrindo uma área maior para a mesma quantidade de calor.

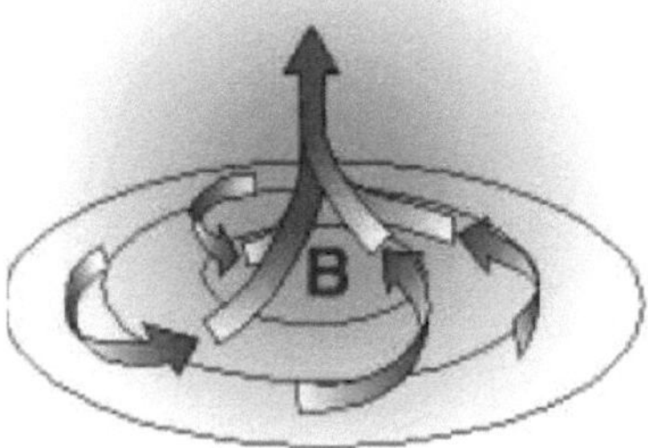

FIGURA 3.05. Fonte:
http://www.inamhi.gov.ec/educativa/ dictionary/letterC.htm

Para efeitos práticos, os raios solares não transferem qualquer calor quando atravessam a atmosfera. Quando atingem a superfície terrestre, esta é aquecida, na zona equatorial em maior grau do que noutras latitudes do planeta. Esta superfície quente irradia o calor para a atmosfera circundante, aquecendo-a. Devido à propriedade dos gases, à medida que a temperatura aumenta, estes expandem-se e a sua densidade diminui, o que provoca a sua subida, como mostra a figura em anexo. Como a radiação solar é permanente, gera-se um fluxo vertical ascendente contínuo de massas de ar quente até atingir a parte superior da troposfera. A esta altura, as massas de ar divergem na direção sul e norte (ver figura abaixo). Se a Terra não tivesse um movimento de rotação sobre si própria, este fluxo de ar atingiria os próprios pólos. O movimento de rotação da Terra dá origem ao efeito Coriolis, que tende a desviar todos os objectos em movimento no sistema terrestre. As massas de ar sofrem uma deflexão no seu longo trajeto, dividindo esta circulação em três células, designadas, do equador para os pólos, por Células de Hadley, Células de Ferrer e Células Polares.

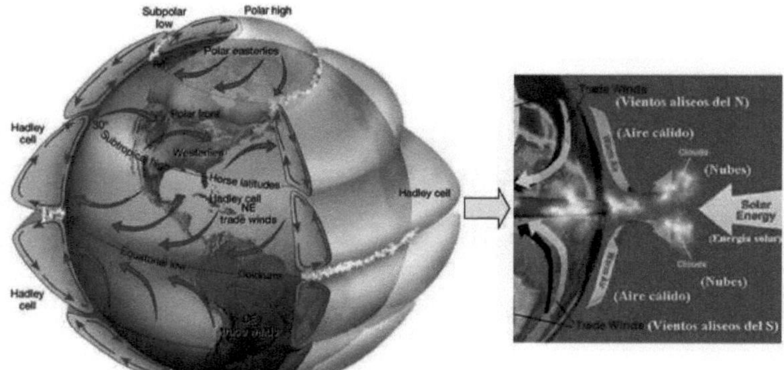

FIGURA 3.06. Fonte: http://www.ideam.gov.co/files/atlas/circulacion%20general%20en%20colombia.htm e www.dhn.mil.ve/noticia/noticia5.html

Os ventos fluem então com uma direção da zona de alta pressão atmosférica para a zona de baixa pressão. A direção é afetada pelo movimento de rotação da Terra e a sua velocidade pela fricção com a superfície dos continentes e dos oceanos.

As áreas onde ocorrem as massas de ar ascendentes são conhecidas como zonas de baixa pressão e caracterizam-se pela sua instabilidade climática (ver figura 3.05). A faixa equatorial onde ocorre esta ascensão vertical do ar é conhecida como Zona de Convergência Intertropical (ZCIT) e caracteriza-se por ser a zona mais quente do planeta, podendo ser reconhecida pelas nuvens permanentes que podem ser observadas durante todo o ano.

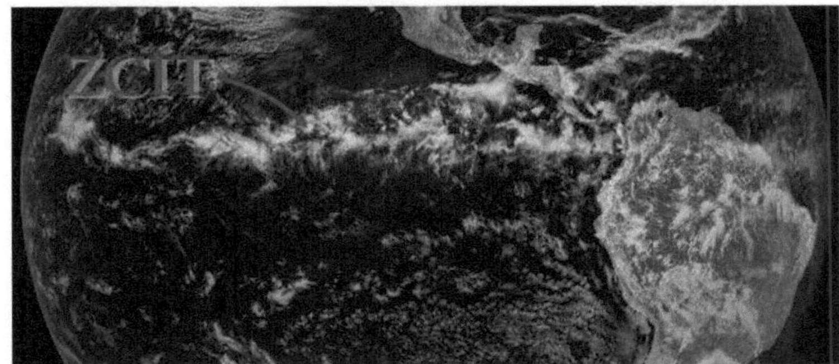

FIGURA 3.07. Fonte: http://upload.wikimedia.org/wikipedia/commons/thumb/1/12/IntertropicalConvergenceZone-EO.jpg/300px-Zona de Convergência Antropical-EO.jpg

As massas de ar na parte inferior das células de circulação constituem os ventos alísios (setas vermelhas na figura 3.06). Estes ventos constantes desviam a sua trajetória para a direita no hemisfério norte e para a esquerda no hemisfério sul, devido ao efeito de Coriolis.

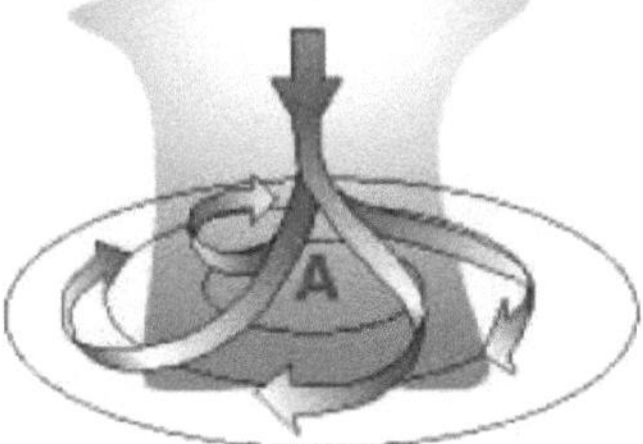

FIGURA 3.08. Fonte:
http://www.inamhi.gov.ec/educativa/diccionario/ letraA.htm

As zonas onde as células convergem e os ventos descem até perto da superfície são chamadas anticiclones, que no hemisfério sul giram no sentido contrário ao dos ponteiros do relógio. São zonas de alta pressão e caracterizam-se por climas estáveis. No nosso continente, o anticiclone do Pacífico Sul é o que rege os ventos alísios na maior parte da América do Sul, incluindo o Peru. No nosso caso é um dos responsáveis pelo clima que temos e pelas peculiaridades do nosso mar: o clima frio apesar de estarmos numa zona tropical, uma costa desërtica onde deveria haver selva (como é o Brasil, que está na mesma latitude), um mar rico em produtividade primária, secundária e terciária, etc.

Outros ventos vão do equador para os pólos, em direção oposta aos ventos alísios, e são por isso chamados ventos contra-alísios. Outro tipo de vento é a monção, caracterizada por uma mudança sazonal de direção (como no Oceano Índico). Existem outros tipos de vento menos significativos, como os ventos gerais de oeste, com direção sudoeste no hemisfério norte e direção nordeste no hemisfério sul, que atingem por vezes velocidades elevadas.

Interação oceano-atmosfera

Como já vimos, numerosos parâmetros e fenómenos atmosféricos interagem com os oceanos. Muitos fenómenos climáticos e oceanográficos têm componentes em ambos os ambientes, e é muitas vezes difícil determinar onde termina um e começa o outro. Vamos analisar os principais fenómenos de interação que são importantes para a compreensão dos oceanos.

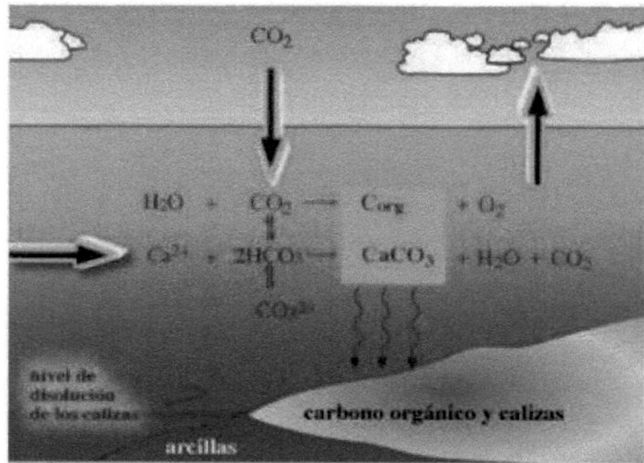

FIGURA 3.09. Fonte:
http://foro.meteored.com/climatologia/relacion+phco2+i+la
+constante+de+equilibrio+del+h2co3-t24897.0.html

A **composição química** do oceano é influenciada pela composição química da atmosfera. De facto, por processos de difusão e, sobretudo, por processos de mistura, a
o ar entra no oceano aumentando a concentração de gases dissolvidos, como o oxigénio, permitindo a existência de vida animal aquática. O dióxido de carbono é outro gás que também entra no oceano por estas vias, embora em concentrações muito mais baixas do que no ar, e reage com a água formando ácido carboxílico, que por sua vez, se a concentração for adequada, será convertido em bicarbonatos e por sua vez em carbonatos. O sistema de carbono descrito depende do pH da água e da concentração de dióxido de carbono. Este sistema é importante no equilíbrio de iões e reacções químicas para o suporte da vida aquática. Outro gás que é trocado entre o oceano e a atmosfera é o azoto gasoso, embora a contribuição para o oceano por esta via seja negligenciável em condições normais.

Estes processos de mistura envolvidos nas trocas gasosas devem-se à turbulência gerada pelo vento, que pode atingir vários metros de profundidade (até várias dezenas de metros) homogeneizando a concentração da sua composição química e outros parâmetros como a temperatura (também conhecida como homotermia), podendo atingir níveis de saturação nestes gases dissolvidos.

Outro tipo de troca de energia entre a atmosfera e o oceano é a força exercida pelos ventos na superfície dos oceanos, cujo principal resultado são as correntes oceânicas e as ondas. As grandes correntes oceânicas produzem alterações importantes no clima das zonas costeiras e do planeta como um todo. O **sistema de correntes** atmosféricas tem uma forte relação com a circulação geral dos oceanos, como mostram as Figuras 10 e 11. Isso porque a principal força motriz das correntes superficiais oceânicas são os ventos, especialmente aqueles que são permanentes, como os ventos alísios (componente inferior das células, Figura 3.06).

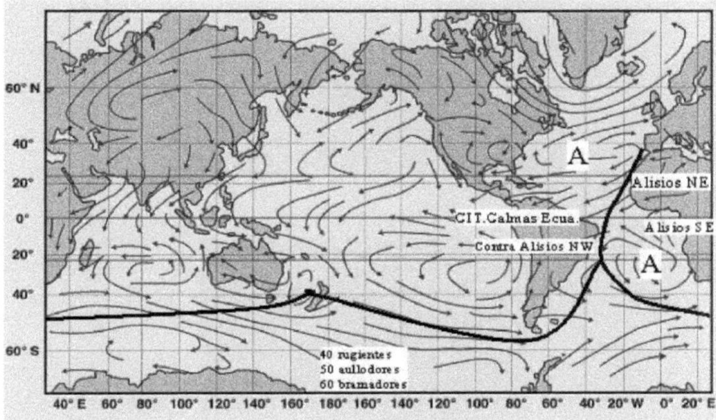

FIGURA 3.10. Fonte: **www.marviva.org/articulos/regatasmundo2.htm**

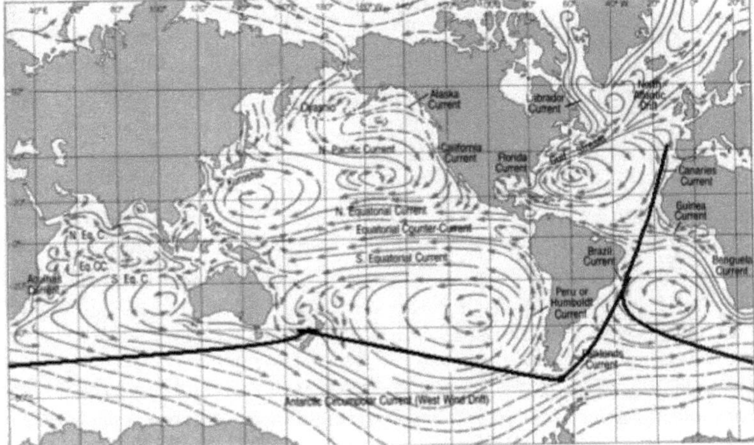

FIGURA 3.11. Fonte: **www.marviva.org/articulos/regatasmundo2.htm**

A circulação dos ventos rotativos é muito semelhante à circulação das massas de água rotativas em cada uma das bacias oceânicas de ambos os hemisférios e nas mesmas direcções, no sentido dos ponteiros do relógio no hemisfério norte e no sentido contrário ao dos ponteiros do relógio no hemisfério sul. Assim, temos o giro anti-horário no Oceano Pacífico Sul, do qual faz parte a nossa corrente do Peru, localizada no lado leste deste giro. Este movimento do mar é fundamental para a manutenção da vida na Terra.

Estas manifestações de vento podem ser violentas e causar grandes danos.

Quando ocorre uma invasão de ar frio proveniente de grandes altitudes, deslocando o ar quente das camadas inferiores da atmosfera, produzem-se os chamados tornados, em que a massa de ar frio desce com um movimento em espiral e com uma intensidade até 350 km/h. Os tornados ocorrem principalmente na América do Norte.

FIGURA 3.12. Fonte:
http://www.fotos.org/galeria/data/538/3tormenta- tropical-photos-from-space.jpg

FIGURA3.13.Fonte: http://www.pixelicia.com/ wp-content/uploads/2007/10/tormentajpg

A velocidade do vento faz com que a evaporação à superfície do mar se intensifique rapidamente, aumentando a energia na atmosfera e gerando tempestades; à medida que as tempestades progridem, a evaporação aumenta, fornecendo mais energia para gerar mais tempestades. Este processo de regeneração de energia é um dos factores de formação de tempestades tropicais catastróficas, designadas por furacões no Oceano Atlântico e tufões no Oceano Pacífico. Estas tempestades continuam a aumentar de intensidade no oceano temperado e diminuem de intensidade à medida que passam por terra ou por zonas onde o oceano é mais frio e a evaporação é reduzida. É também habitual chamar ciclones a estas manifestações de ventos violentos.

Por outro lado, os ventos não permanentes são responsáveis por outro tipo de movimento da água do oceano: **as ondas**. Estes movimentos são devidos a ventos próximos da superfície que deslocam a água num cilindro sem envolver a deslocação da massa de água. A molécula de água é a que gira em forma circular (ver

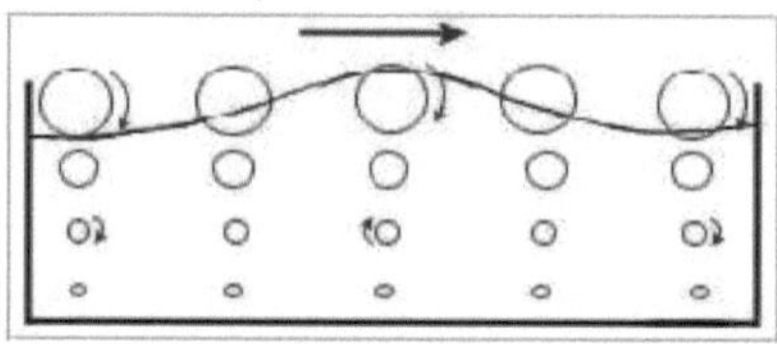

FIGURA 3.14. Fonte:
http://www.contraola.com/2008/01/qu-son-las-olas- un-poco-de-teora.html

figura 3.14) mantendo a sua posição, mas impulsiona o movimento das moléculas adjacentes, fazendo com que se mova também em círculo. É assim que a onda avança no oceano.

Por outras palavras, durante a passagem de uma onda, cada molécula de água sofre um movimento mais ou menos circular, primeiro para cima e para a frente e depois para baixo e para trás. Num dado momento, a molécula da superfície estará na base, ou seja, no vale, e quando estiver no topo, chama-se crista (ver figura 3.15). Quando a onda atinge o
e o cilindro roça no

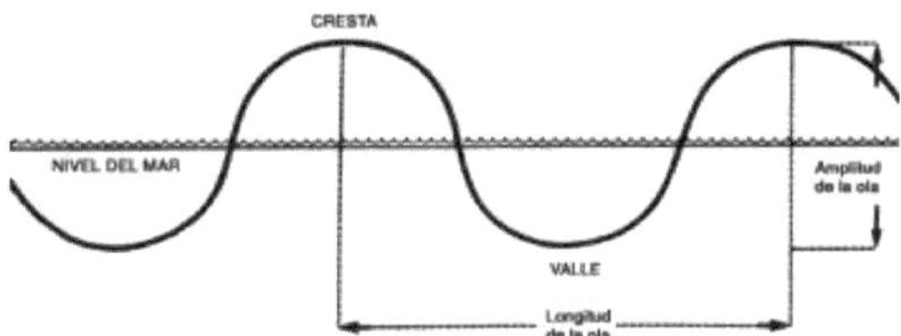

FIGURA3.15.Fonte:http://www.profesorenlinea.cl/swf/links/frame_top.ph
p?dest=http%3A//www.profesorenlinea.cl/geografiagral/Hidrosfera.htm

A onda é então rolada sobre o fundo da massa de água e a onda rebenta. Esta sequência pode ser observada na figura 3.16.

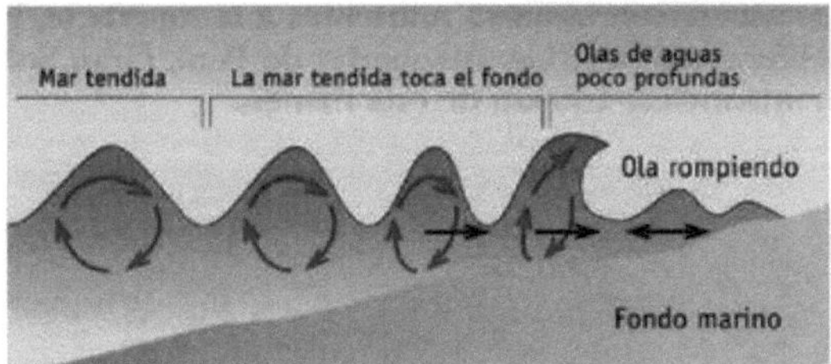

FIGURA3.16.Fonte:http://http://www.profesorenlinea.cl/swf/links/frame_top.ph.profesorenlinea.cl/swf/links/frame_top.ph
p?dest=http%3A///www.www.profesorenlinea.cl/geografiagral/Hidrosfera.htm.cl/geografiagral/Hidrosfera.htm

A troca de calor entre o oceano e a atmosfera é um verdadeiro motor térmico. Esta troca faz com que os pólos e o equador tenham temperaturas diferentes. Este aquecimento diferencial provoca, por sua vez, a circulação das massas de ar na atmosfera e das águas nos oceanos, o que faz com que a temperatura se mantenha mais ou menos constante nas diferentes regiões da Terra.

Nas regiões entre 20° e 40° de latitude, a radiação chega sem qualquer perda e é convertida em energia térmica. Por conseguinte, se apenas se tivesse em conta o efeito da radiação solar, a temperatura da Terra estaria constantemente a mudar; os trópicos tenderiam a aquecer e as regiões polares a arrefecer cada vez mais. Felizmente, a temperatura da Terra não depende apenas da radiação, uma vez que existe um fluxo de energia dos trópicos quentes para os pólos, que é transportado pela atmosfera e pelos oceanos.

Tendo em conta a temperatura das zonas equatoriais e polares, a temperatura média da água dos oceanos é de 3,8°C. No hemisfério sul, a superfície é 1°C mais quente do que no hemisfério norte; no entanto, as temperaturas no hemisfério sul, para qualquer latitude, são geralmente mais baixas do que as correspondentes à mesma latitude no hemisfério norte.

A radiação solar que passa diretamente pela atmosfera até atingir a superfície do planeta é absorvida pelos continentes e pelos oceanos; como estes últimos ocupam 70% do globo, a maior parte da energia proveniente do Sol é armazenada na superfície do mar e é esta radiação absorvida que aquece a atmosfera, primeiro na atmosfera e depois nos oceanos.

O calor é transportado dos trópicos para as latitudes mais elevadas dos pólos, onde irradia a sua energia para o espaço.

Outra forma de troca de calor entre o oceano e a atmosfera resulta da evaporação da água da superfície do oceano, que produz calor no valor de 600 calorias por grama de vapor de água. Este vapor, ao sair da superfície do mar, sobe pelo ar livre até se condensar em chuva, gerando as trovoadas. Para ilustrar a importância da energia produzida pela evaporação da água dos oceanos, vale a pena referir que a energia libertada pela condensação deste vapor é igual à energia eléctrica utilizada por 10 cidades do tamanho de Nova Iorque.

A relação entre a evaporação e a precipitação nas regiões oceânicas e atmosféricas é muito importante para a transferência de calor no planeta. Em resumo, as formas de transferência de energia dos oceanos para a atmosfera são, de acordo com a sua importância: radiação do sol, evaporação, troca de energia térmica por aquecimento ou arrefecimento do ar e troca de energia mecânica causada pelas pressões atmosféricas e pelos ventos.

CAPÍTULO IV

EQUILÍBRIO TÉRMICO

O ocëano é uma massa de água geralmente fria. Apenas a fina camada superficial é aquecida pelo Sol, que é a principal fonte de energia do nosso planeta, que vem sob a forma de radiação electromagnética, embora se comporte tanto como uma onda como uma partícula (que é chamada de fotão).

λ A radiação electromagnética do Sol, ou luz, viaja no vácuo a 299792 km.s-1 numa gama de frequências que se distinguem pelos seus diferentes comprimentos de onda ( ). λ λ λ Algumas, como as ondas de rádio, têm comprimentos de onda de até quilómetros, enquanto as mais energéticas (frequências curtas e altas), como as radiações gama ou os raios X, têm comprimentos de onda de até nanómetros (nm), que penetram com alguma facilidade em materiais muito finos, razão pela qual os raios X permitem observar o interior do corpo humano.

A energia que chega ao exterior da atmosfera é uma quantidade fixa, designada por constante solar. O seu valor é de 1400 W/m2, o que significa que 1 m2 localizado na parte exterior da atmosfera, perpendicular à linha que une a Terra ao Sol, recebe 1400 J em cada segundo. Trata-se de uma mistura de radiações de λ entre 200 e 4000 nm. Distingue-se entre radiação ultravioleta, luz visível e radiação infravermelha.

Radiação ultravioleta. A partir de λ mais baixo
de 360 nm, transportam muita energia e podem romper ligações moleculares. Os de menos de 300 nm podem afetar moléculas como o ADN e causariam danos irreparáveis se não fosse o facto de serem absorvidos pelo

A variabilidade da constante solar

Medindo a sua variabilidade no espaço e no tempo sobre a Terra, é possível definir o forçamento radiativo básico do sistema climático. Este valor dá uma ideia dos valores que são registados na atmosfera superior e dos valores que finalmente atingem a superfície da Terra durante o dia, como consequência das perdas de radiação devidas a fenómenos (processos de atenuação) como a reflexão, a refração e a difração durante a sua reflexão, refração e difração durante o dia:

trajetória.

$I_0 = 1{,}367 \ W/m^2$

$^2 = 433{,}3 \ Btu/(ft \ {*}h)$

$^2 = 1{,}96 \ cal/(cm \ {*}min)$

Luz visível. Radiação da zona visível cujo A se situa entre 360 nm (violeta) e 760 nm (vermelho). Devido à energia que transporta, tem uma grande influência nos seres vivos. Esta luz atravessa uma atmosfera clara de forma bastante eficaz, mas quando existem nuvens ou massas de poeira, parte dela é absorvida ou reflectida.

Radiação infravermelha. De mais de 760 nm, é a que corresponde aos comprimentos de onda mais longos e tem pouca energia associada. O seu efeito é o de acelerar as reacções ou aumentar a agitação das moléculas, o que se designa por calor, aumentando a temperatura, mas não afecta as ligações das moléculas. o CO_2, o vapor de água e as pequenas gotículas de água que formam as nuvens absorvem estas radiações de forma muito intensa.

Para além do Sol, outras fontes de energia são a **energia interna da Terra,** cujo núcleo interno atinge 5000°C1 e é responsável pelas correntes de convecção que movimentam as placas litosféricas, tendo assim repercussões importantes em muitos processos à superfície:

vulcões, terramotos, movimento dos continentes, formação de montanhas, etc. Outra fonte de energia é a **radiação cósmica**, com A's muito curtos que atingem a atmosfera superior como radiação primária (formada por electrões de alta energia), que atinge as moléculas e se transforma em radiação secundária (raios ultravioleta). As moléculas de oxigénio (O_2) absorvem as radiações primárias e secundárias de menos de 200 nm e transformam-se em ozono (O_3). O ozono, por sua vez, absorve as radiações até 300 nm e, assim, graças ao oxigénio e ao ozono, a Terra está protegida contra as radiações cósmicas mais perigosas. Por último, uma outra fonte de energia são as **substâncias radioactivas** de magnitude muito inferior, constituídas por um grupo de radiações de ondas curtas, por isso muito energéticas e com grande capacidade de penetração. A sua origem pode ser natural, mas tem aumentado nos últimos anos devido a certas actividades humanas, nomeadamente as explosões nucleares.

[1] A fonte de energia que mantém estas temperaturas é principalmente o decaimento radioativo de elementos químicos no manto.

4.1. Cálculo do calor na terra

O cálculo do calor na Terra é muito simples. Todo o calor vem do Sol e uma quantidade igual é devolvida pela Terra ao espaço. É por isso que a temperatura da Terra se mantém constante em cerca de 15°C.

Enquanto a energia recebida é uma mistura de radiação ultravioleta, visível e infravermelha, a energia devolvida pela Terra é maioritariamente infravermelha e alguma visível. Esta diferença deve-se ao facto de a radiação que chega do Sol provir de um corpo que está a 6000°C, mas a radiação devolvida pela superfície tem a composição em comprimento de onda de um corpo negro a 15°C. Por esta razão, as radiações reflectidas têm comprimentos de onda de menor frequência do que as recebidas.

A dinâmica térmica total da Terra envolve: a zona de interação mar-ar, a energia do espaço que atravessa a atmosfera e é absorvida pelos oceanos, os oceanos que aquecem a atmosfera sobrejacente e a atmosfera que transporta a energia para as regiões polares, onde é emitida para o espaço sob a forma de radiação.

Se observarmos em pormenor os fluxos de calor no interior do planeta, encontramos diferenças. A baixas latitudes, a energia que entra do Sol é maior do que a energia perdida para o espaço por radiação; a grandes altitudes, pelo contrário, a energia que entra do Sol é menor do que a energia perdida para o espaço. A maior parte da luz solar atravessa a atmosfera sem ser absorvida porque o ar é quase transparente aos vários comprimentos de onda.

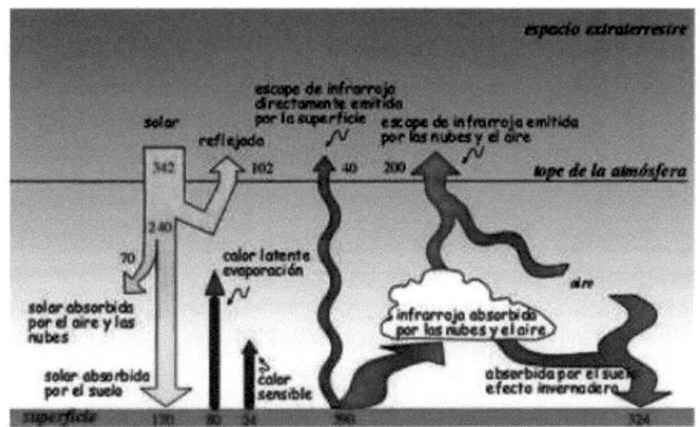

FIGURA 4.01.Fonte: *www.ideam.gov.co/radiacion.htm*

mas, quando a luz solar atinge a superfície, é absorvida e convertida em calor. A superfície aquecida transmite o seu calor à atmosfera, em parte por radiação, em parte por aquecimento do ar mais frio e em parte como 1атЫёп sob a forma de calor latente de vaporização, porque o calor extraído da água, quando ocorre a evaporação, é transmitido ao ar no momento em que o vapor de água se condensa sob a forma de nuvens e chuva. A perda de calor para o espaço depende principalmente da radiação da atmosfera.

Em condições de um dia perfeitamente claro e com os raios solares a incidirem perpendicularmente, quase três quartos da energia que chega do exterior atinge a superfície. Desta última, 49% é radiação infravermelha, 42% luz visível e 9% radiação ultravioleta. Num dia nublado, uma percentagem muito mais elevada de energia é absorvida, especialmente na região dos infravermelhos. Outra parte da energia é absorvida pela vegetação em todo o espetro, especialmente na zona da luz visível, que é utilizada para a foto-metilação.

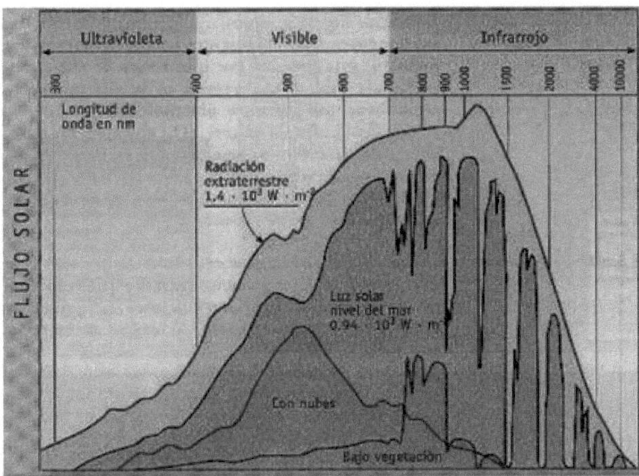

Figura 4.2. Distribuição da radiação solar na atmosfera superior e ao nível do mar, em diferentes circunstâncias.
Fonte: http://www.tecnun.es/
Assuntos/ecologia/Hypertext/02Earth/110BalEner.htm

[22]No que se refere à energia, a quantidade que atinge a atmosfera superior é constante (conhecida como constante solar) cujo valor é 1400 W/m (mais exatamente 1368) e como a superfície da Terra é quatro vezes maior do que a área do círculo visível do Sol em qualquer momento, a quantidade média de radiação solar recebida pela superfície da Terra é 1368/4 = 342 W/m . Considerando que esta quantidade constitui 100% da radiação solar recebida pelo nosso planeta (Figura 4.1), 30% (102) é perdida para o espaço, quer reflectida pela superfície da Terra (4%), quer pelas nuvens (20%), quer dissipada pelo calor da atmosfera (6%). A energia restante permite aquecer a Terra e distribui-se da seguinte forma: 20% (70) é absorvida pela atmosfera (16% é absorvida pelos gases e poeiras e 4% é absorvida pelas nuvens) e 50% é absorvida pela superfície, tanto por radiação direta (21%) como indireta 25% (6% por dissipação da atmosfera aquecida à superfície e 19% é radiação reflectida pela nuvem).

Tabela 1. Saldo de radiação em W/m^2

ENTRADA		SAÍDA	
Balanço térmico da superfície terrestre			
Radiação solar	170	Radiação terrestre	390
Radiação atmosférica	324	Evaporação	80
		Condutividade e Convecção	
Total	**494**	**Total**	**494**
Balanço térmico atmosférico			
Radiação solar	70	Radiação para o espaço	200
Condensação	80	Radiação para a superfície	324
Radiação terrestre	390	Radiação da Terra para o espaço	40
Condução			
Total	**564**	**Total**	**564**
Balanço térmico planetário			
Radiação solar	342	Reflectida e dispersa	102
		Radiação da atmosfera e das nuvens para o espaço	200
		Radiação da Terra para o espaço	40
Total	**342**	**Total342**	

4.2. Cálculo do calor de superfície

O cálculo do calor à superfície pode ser expresso da seguinte forma Radiação recebida do sol = radiação que deixa a terra + calor sensível transmitido ao ar por condução + calor utilizado na evaporação da água. Em símbolos temos:

$$Qs = Qb + Qh + Qe$$

Esta equação é aplicável em grande escala e em intervalos de tempo suficientemente longos para que as mudanças de temperatura da superfície possam ser negligenciadas. Se a temperatura da superfície estiver a mudar, é adicionado um termo Qt para representar o calor que faz com que a temperatura aumente. E se a superfície é fluida, como são os oceanos, qualquer calor extraído de ou para uma região por correntes deve ser representado por um termo të Qv. Assim, para um curto período de tempo e uma localidade particular, a equação é:

$$Qs = Qb + Qh + Qe + Qt + Qv$$

A Figura 4.2 representa as condições médias sobre a Terra como um todo, tanto para a superfície da Terra como para os oceanos. Apenas sobre os oceanos a perda de calor por radiação é menor do que sobre a terra, e todos os outros termos são maiores, especialmente aqueles relacionados com a evaporação. O cálculo do calor dos oceanos é estimado da seguinte forma:

$$Qs = Qb + Qh + Qe$$

A radiação de ondas curtas do Sol, a maior parte da qual se encontra no espetro visível, é dissipada tanto pela absorção pela atmosfera a grande altitude como pelo vapor de água a baixa altitude. Por outras palavras, a quantidade de luz solar que atinge a superfície da Terra depende principalmente da cobertura de nuvens e do ângulo do Sol. O tipo de nuvens é muito importante, porque as nuvens espessas reduzem muito mais a energia do que as nuvens altas e finas. A altura média do sol determina, em grande medida, a quantidade de radiação recebida. A energia que chega à Terra é maior nas latitudes mais baixas do que nas latitudes mais altas. O ângulo do sol também afecta a absorção da superfície terrestre, porque com um sol baixo, mais luz é reflectida da superfície do que absorvida.

4.3. O balanço térmico global dos oceanos

A água absorve mais da radiação incidente do que as superfícies terrestres. Em média, a água absorve 94% da energia incidente, enquanto as superfícies terrestres variam entre 10 e 20% de reflexão, e a reflexão da neve ou das nuvens pode atingir os 80%. Assim, os oceanos absorvem grandes quantidades de energia e guardam um enorme reservatório sob a forma de calor.

O balanço térmico oceânico é composto de entradas e saídas. Uma lista completa de todas as entradas e saídas é dada abaixo; onde - +11 denota entrada de calor ou ganho de calor e - -ll denota saída de calor ou perda de calor.

Principais entradas e saídas

- radiação solar (+)
- radiação de onda longa de retorno (-)
- transferência direta de calor ar/água (transferência de calor sensível) (-; + quando do ar para a água)
- transferência de calor por evaporação (-; + para condensação que raramente ocorre)
- transferência de calor por advecção (correntes, convecção vertical, turbulência) (**-ou** +); este efeito é anulado à escala global ou em bacias fechadas.

Fontes secundárias:

- ganho calórico de processos químicos/biológicos (+)
- ganho de calor do interior da Terra e atividade hidrotermal (+)
- ganho de calor devido a correntes de fricção (+)
- ganho de calor devido à radioatividade (+)

As contribuições de fontes secundárias são negligenciáveis na maioria dos casos, pelo que apenas os inputs e outputs primários serão tidos em conta no presente documento.

Calor de entrada: radiação solar. [222]A constante solar varia sazonalmente entre 0 e 530 W/m nos pólos e entre 390 - 440 W/m no equador. [2]As variações interanuais máximas resultam da variação da distância entre a Terra e o Sol e atingem 3,34% .

Татblёп chamou a atenção para o facto de que nem toda a radiação recebida do Hmite mais exterior da atmosfera está disponível nos oceanos. Esta varia irregularmente com o comprimento de onda, devido à absorção pelo vapor de água e por diversos gases atmosféricos, nomeadamente o oxigénio e os hidrocarbonetos. A absorção no mar diminui rapidamente com a profundidade (figura 4.3 na caixa seguinte). O quadro 4.2 apresenta, em

---

[2-2-1-2]A lguma literatura ainda utiliza a unidade cal cm dla (calorias por centímetro quadrado por dla), mas atualmente foi substituída pela unidade W m (Watts por metro quadrado). [-2-1-2]1 cal cm dla =0,484 Wm .

percentagem, a quantidade de luz que atinge diferentes profundidades do mar (em condições favoráveis):

Quadro 2 - Percentagem de luz que penetra no mar a diferentes profundidades

Luz	Penetração	
73,0%	Alcance	1 cm de profundidade
44,5%	Alcance	1 m de profundidade
22,2%	Alcance	10 m de profundidade
0,53%	Alcance	100 m de profundidade
0,0062%	Alcance	200 m de profundidade

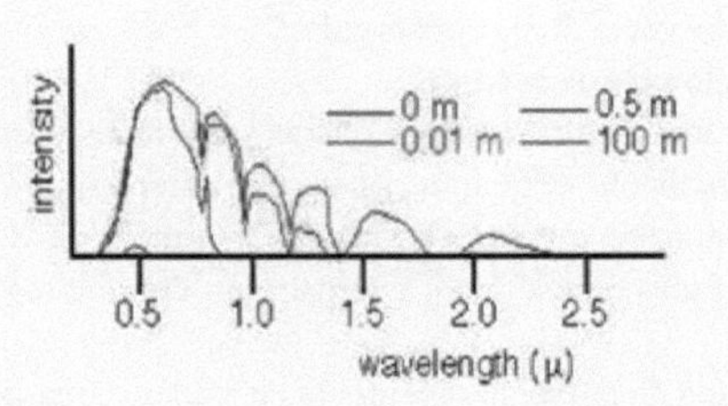

Figura 4.3. Distribuição espetral da radiação solar recebida a diferentes profundidades em função do comprimento de onda. Os diferentes mínimos na intensidade de entrada ao nível do mar (0 m) são causados pela absorção de gases atmosféricos (principalmente vapor de água, dióxido de carbono e ozono). (comprimento de onda: comprimento de onda; *intensidade*: intensidade) Fonte: www.es.flinders.edu.au/~mattom/IntroOc/curso04. html

Assim, a maior parte da energia é captada nas camadas mais superficiais da água, que são, por conseguinte, as mais eficazmente aquecidas. A parte da energia no espetro visível penetra mais longe, mas atenua-se rapidamente com a profundidade. Naturalmente, também depende do grau de turvação da água: quanto maior a turvação, menor a penetração.

[2]Além disso, a quantidade mínima de energia necessária para manter a fotossíntese é de 0,0015 W/m. Em condições óptimas (água completamente límpida), esta quantidade está disponível até 220 m de profundidade.

Esta energia solar aquece a água à superfície e penetra para baixo devido à turbulência do vento e das ondas. Uma vez que a camada superficial quente é mais leve do que as águas mais frias, a mistura tem lugar a uma profundidade determinada principalmente pela força do vento. Entre a camada superficial quente, bem misturada, e a camada de águas mais frias que se encontra por baixo, desenvolve-se frequentemente uma transição nitidamente pronunciada. Esta camada de transição é designada por camada termoclínica.

A. *Calor de saída: Radiação de retorno*. [3]A superfície do oceano não só absorve a radiação solar de onda curta, como também uma parte desta radiação é devolvida à atmosfera (o vapor de água e as nuvens absorvem quase todo o calor e irradiam grande parte deste calor para a superfície) e uma pequena parte escapa diretamente para o espaço sob a forma de radiação de onda longa. O comprimento de onda em que ocorre a maior parte da radiação de retorno é explicado pela Lei de Wien (ver caixa abaixo). Como a temperatura da superfície do mar é inferior à do Sol (~283 K), o máximo da radiação de retorno situa-se a cerca de 10 microns,

---

[3] O ar sobre os oceanos é normalmente mais húmido do que o ar sobre a terra, pelo que muito do calor que escapa é captado e devolvido à superfície. O calor que escapa da superfície por radiação (retro-radiação) é menor sobre os oceanos do que sobre a terra, é um pouco menor sobre a água quente do que sobre a água fria, e é mais constante de dia para noite e entre estações do que os valores flutuantes da luz solar.

ou seja, no infravermelho.

De acordo com a lei de Stefan-Boltzman, a energia da radiação é proporcional à quarta potência da sua temperatura absoluta (°K). Assim, as variações sazonais diárias na temperatura da superfície do oceano têm pouco efeito na energia de radiação de retorno, porque essas variações são pequenas em comparação com o nível de temperatura absoluta.

Lei de deslocamento de Wien

À medida que a temperatura de um corpo aumenta, o máximo da sua distribuição de energia desloca-se para Π mais curto, causando uma mudança na cor do corpo. Esta lei é muito útil para determinar a temperatura de corpos quentes, como fornos ou estrelas, encontrando o Π para o qual a intensidade da radiação é máxima. Por exemplo, a uma temperatura de 200°K um corpo emite luz visível, mas a intensidade na extremidade vermelha (baixa frequência, alto Π) do espetro visível é muito maior do que a azul (alta frequência, baixo Π) e o corpo aparece vermelho brilhante. A 3000° K, a temperatura aproximada de um filamento de lâmpada incandescente, a quantidade relativa de luz azul aumentou, mas o componente vermelho ainda predomina. A 6500° K, que é a temperatura do Sol, a distribuição é quase uniforme entre todos os componentes da luz visível e o corpo aparece branco brilhante. Acima de 10000°K a luz azul é emitida mais intensamente do que a vermelha e um corpo (estrela quente) a esta temperatura aparece azul.

Em média, a radiação recebida excede a radiação emitida em todas as latitudes. [22]O excesso é de cerca de 0,082 W/m nos trópicos e de cerca de 0,019 W/m nas latitudes de 60 - 70°. A energia recebida deve ser igual à energia perdida, pelo que a radiação em excesso recebida pela superfície deve ser emitida de outra forma. Uma parte deste excesso é utilizada para aquecer o ar por contacto, quando este está mais frio do que a superfície. Este é o chamado "calor sensível", porque é percetível ao tato. Uma maior proporção do excesso é libertada quando a água se evapora.

B.- *Saída de calor. Transferência direta de calor (sensível) entre o oceano e a atmosfera.*
Em média, a superfície do oceano é cerca de 0,8°C mais quente que o ar acima dela. Portanto, a transferência direta de calor (transferência de calor sensível) tem lugar da água para o ar, constituindo uma perda de calor, em magnitude diretamente proporcional à diferença de temperatura entre os dois meios. A transferência de calor do oceano para a atmosfera é muito mais fácil do que na direção oposta por duas razões:
1) É necessária muito menos energia para aquecer o ar do que a água. A energia necessária para aumentar a temperatura de uma camada de água de 1 cm de espessura em 1°C é suficiente para aumentar a temperatura de uma camada de ar de 31 m na mesma quantidade.

Efeito da radiação de fundo na
formação de gelo

A água absorve quase toda a energia recebida, mas o gelo reflecte mais de metade. A perda de calor através da contra-radiação continua a causar um défice imediato de radiação. O resultado é uma rápida descida da temperatura do gelo e um rápido aumento da espessura e extensão do manto de gelo. A temperatura do gelo diminui até que a radiação emitida, reduzida a temperaturas mais baixas, seja novamente equilibrada pela energia recebida reduzida. Do mesmo modo, quando um manto de gelo começa a desfazer-se, pode desaparecer rapidamente devido ao aumento da absorção de calor pela água.

2. A entrada de calor na atmosfera a partir de baixo causa instabilidades (ao reduzir a densidade na base), resultando num transporte turbulento de calor para cima. Inversamente, a entrada de calor nos oceanos a partir de cima aumenta a estabilidade da coluna de água (ao reduzir a densidade à superfície), impedindo a entrada eficiente de calor nas camadas mais profundas.

¿Quais são as consequências das trocas de calor sensível no oceano e na atmosfera? Quando a

superfície está mais quente, o calor desloca-se para cima e, como neste caso o ar é aquecido a partir de baixo, formam-se correntes verticais que
transportam o calor para níveis elevados. O revolvimento do ar mantém a renovação do ar frio perto da superfície, de modo a que a condução do calor da superfície quente continue rapidamente. Se a diferença de temperatura entre a superfície e o ar for muito grande, a reviravolta turbulenta do ar pode ser tão intensa que dá origem a violentas trovoadas.

A perda mais intensa de calor sensível à superfície ocorre ao largo das costas orientais dos continentes de latitude média, onde as grandes correntes de água quente, como a Corrente do Golfo e a Corrente de Kuroshio, são invadidas durante o inverno por grandes e violentas turbulências de ar frio provenientes dos continentes cobertos de neve.

No verão, grandes áreas do oceano são mais frias do que o ar que as cobre. Quando o ar está mais quente do que a água, o calor passa para baixo por condução, mas neste caso o arrefecimento do ar a baixos níveis aumenta a sua estabilidade. As trocas de ar são reduzidas perto da superfície e o equilíbrio térmico é atingido rapidamente. Por conseguinte, a troca de calor sensível apreciável entre a água e o ar só ocorre quando a água está mais quente.

C.- *Saída de calor. Transferência de calor por evaporação e condensação*. 50% do calor que entra nos oceanos é utilizado para a evaporação. Para além da sua importante contribuição para o balanço térmico, a evaporação (que constitui uma perda de água para a atmosfera) desempenha um papel importante no balanço de massa.

A evaporação começa quando o ar não está saturado de humidade. O ar quente pode conter muito mais humidade do que o ar frio. Uma vez que, em condições normais, o ar é mais frio do que a superfície do mar, o ar insaturado de humidade é aquecido quando entra em contacto com o mar, aumentando assim a sua capacidade de humidade, e ocorre a evaporação; o calor necessário para converter a água rica em vapor de água é extraído do mar. Este calor de vaporização, que se perde à superfície quando ocorre a evaporação, é consideravelmente maior do que a perda de calor sensível, embora as proporções relativas variem. Numa média global, a quantidade de calor perdida por condução é cerca de 1/10 da perdida por evaporação, mas a perda de calor sensível é maior quando o ar está muito frio em comparação com o ar à superfície.

Se o ar for mais quente do que o mar e relativamente seco, a evaporação só terá lugar quando o teor de vapor do ar for igual ao máximo que o ar pode conter à temperatura da superfície do mar. Se o ar quente já estiver mais húmido, o processo inverso de condensação terá lugar numa pequena área da superfície, e o calor de evaporação libertado para o mar neste caso é negligenciável. O que é mais importante é que o ar quente e húmido é arrefecido pelo contacto com o mar até um ponto inferior ao ponto de orvalho, ou seja, à temperatura de saturação, e o excesso de humidade condensada é convertido em nevoeiro. Tal como a perda de calor sensível, a evaporação é mais intensa no inverno sobre as grandes correntes quentes que se deslocam em direção ao pólo ao largo das costas orientais dos continentes.

As zonas subtropicais de ventos alísios são também regiões de elevada evaporação, com pouca variação sazonal. Geralmente, o céu limpo e a elevada insolação combinam-se para produzir um grande excedente de radiação, a maior parte da qual é convertida em água evaporada. Devido à grande extensão dos Octianos nestas latitudes, o maior volume de água é perdido nestas regiões subtropicais.

A condensação ocorre quando o ar quente encontra a água fria. As áreas oceânicas onde isto ocorre são conhecidas e temidas pela ocorrência frequente de nevoeiro. A maior parte da energia libertada durante a condensação vai para a atmosfera, pelo que a contribuição da condensação para o balanço térmico oceânico é extremamente pequena.

Em resumo, o balanço térmico em octianos é o ajuste entre os termos discutidos acima. Normalmente, os dois primeiros termos não são considerados separadamente; a diferença entre a radiação solar e a radiação de retorno, ou ganho líquido de calor radiativo, é usada como a principal entrada. O balanço é então

ganho líquido de calor radiativo - perda de calor por evaporação - perda direta de cor = 0

Este ajustamento funciona se forem considerados todos os oceanos do mundo. Se o balanço for avaliado para regiões limitadas, o lado direito da igualdade não é geralmente zero, mas representa a transferência de calor efectuada pelas correntes oceânicas.

Numa escala global, a Figura 4.4 ilustra o papel do transporte de calor pelas correntes no balanço de calor numa secção zonal de 60°N a 60°S. A entrada líquida de calor diminui dos trópicos em direção aos pólos; uma fraca diminuição ocorre no equador devido à espessa cobertura de nuvens na área. A perda máxima de calor por evaporação ocorre nos subtrópicos devido à advecção atmosférica de ar seco; a diminuição nos trópicos resulta do elevado teor de humidade do ar tropical. A perda direta de calor é pequena em toda a área. As correntes retiram calor dos trópicos (uma perda de calor para essa parte do oceano - valores positivos) e depositam-no nas regiões subpolares (um ganho de calor - valores negativos).

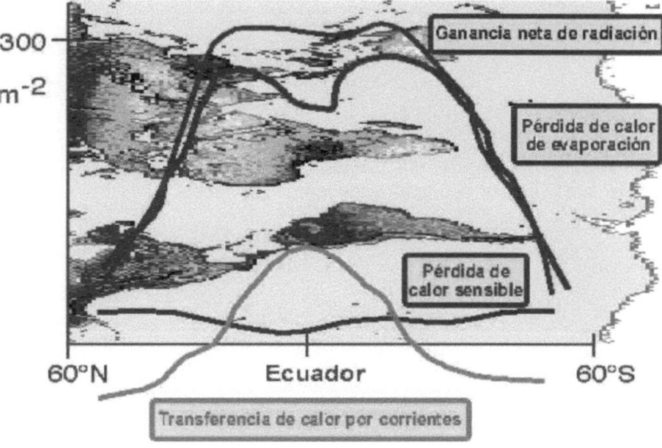

Principais factores que contribuem para o balanço térmico

Figura 4.4. Um gráfico qualitativo dos componentes importantes do balanço de calor, com uma média zonal sobre os oceanos, em função da latitude.

4.4. Efeitos do desequilíbrio térmico planetário: EFEITO CASA VERDE

O efeito de estufa, muitas vezes confundido com o aquecimento global, é um fenómeno natural que permite à Terra manter uma temperatura adequada à habitação. Alguns gases presentes na atmosfera retêm uma parte da energia emitida pelo solo do nosso planeta e obtida através da radiação solar. Estes gases, como o dióxido de carbono, o metano, o óxido nitroso e o ozono, conhecidos como gases com efeito de estufa, fazem parte da composição natural da atmosfera terrestre.

Desde a revolução industrial e, sobretudo, desde a segunda metade do século XX, a atividade humana (como a queima de combustíveis fósseis [carvão, petróleo, gás natural], a desflorestação ou a criação de aterros sanitários) aumentou a quantidade destes gases na atmosfera, provocando um desequilíbrio na temperatura da Terra, o que causa o aquecimento global.

Embora vários fóruns internacionais confirmem que os países industrializados são os principais responsáveis pelo aquecimento global, de acordo com a Convenção-Quadro das Nações Unidas sobre as Alterações Climáticas, as cinco nações que produzem a maior quantidade de dióxido de carbono, a principal causa das alterações climáticas, são os Estados Unidos (39,4%), a Rússia (5,9%), o Japão (4,9%), a Alemanha (3,2%) e o Canadá (2,3%). No entanto, há que reconhecer que toda a população mundial contribui diariamente para o aumento da temperatura do planeta.

Figura 4.5. Fonte: www.foroambiente.blogspot.com/

CAPÍTULO V

VARIÁVEIS OCEÂNICAS

O estudo dos oceanos é de grande importância para a sociedade globalizada moderna devido às fortes inter-relações entre diferentes comunidades em todo o mundo. A ciência da oceanografia tornou-se tão importante que, nas últimas três décadas, recebeu milhares de milhões de dólares em financiamento para continuar a compreender os oceanos.

Os progressos alcançados no domínio da oceanografia são notáveis, tendo sido estabelecidos modelos matemáticos que prevêem alguns fenómenos e comportamentos com grande precisão para períodos até três meses no futuro.

Os parâmetros mais inerentes ao conhecimento dos oceanos, que não podem ser compreendidos sem o recurso a estes, são conhecidos como variáveis. Estas podem ser agrupadas entre as que podem fornecer informações exactas, como a temperatura, a salinidade e a pressão; e as que podem ser aproximadas, como a turbulência e a corrente oceânica.

Neste capítulo, centrar-nos-emos apenas nas variáveis temperatura, salinidade e pressão.

5.1. Temperatura

Parâmetro que mede o grau de calor de um corpo. É definido como a medida da energia cinética das moléculas em movimento. É normalmente expresso em graus Celsius (°C). O sol é a fonte de calor mais importante para os oceanos. É o parâmetro mais fácil de obter no mar. Devido à estrutura da molécula de água, os oceanos têm uma elevada capacidade térmica, um elevado calor latente de fusão e um elevado calor latente de evaporação. A água do mar é também um bom condutor de calor, em comparação com outros fluidos.

A temperatura dos oceanos situa-se entre -2° e 30°C. A Hmite inferior é determinada pela formação de gelo marinho, e a Hmite superior é determinada pelos processos de radiação e troca de calor com a atmosfera (em áreas próximas de terra a temperatura pode ser mais elevada, mas no oceano aberto raramente ultrapassa os 30°C). Cerca de 90% do volume do oceano mundial tem uma amplitude menor, variando de -2°C a 10°C. A temperatura no fundo do mar é sempre baixa, variando de 4°C a -1°C, de modo que altas pressões estão associadas a baixas temperaturas.

A distribuição e a variação da temperatura estão intimamente ligadas às correntes e às variações da radiação solar. O Oceano Pacífico é o mais quente dos oceanos (19,37°C), seguido do Oceano Índico (17,27°C) e do Oceano Atlântico (16,53°C). As temperaturas no hemisfério norte são, em média, 3°C mais quentes do que as do hemisfério sul em todas as latitudes, devido à configuração dos oceanos, ao sistema de correntes e à influência dos pólos. No hemisfério sul, os três océanos estão completamente abertos e, por conseguinte, sob a influência da Antárctida. No Oceano Pacífico, a metade ocidental dos trópicos é mais quente do que a metade oriental, o que é importante para a distribuição da temperatura e o desenvolvimento do fenómeno El Nino.

Em geral, as temperaturas médias anuais dão origem a isotérmicas com uma distribuição latitudinal. São mais elevadas no equador e diminuem em direção aos pólos, ou seja, as isotérmicas têm uma distribuição zonal (Figura 5.01). Em todos os oceanos, os valores mais elevados de temperatura à superfície encontram-se ligeiramente a norte do equador, o que está relacionado com a Zona de Convergência Intertropical (ligada à circulação atmosférica nos dois hemisférios). Por outro lado, o anticiclone do Pacífico Sul desvia as isotérmicas para norte em latitudes elevadas e para oeste perto do equador ao largo das costas do Chile, Peru e Equador; ao largo da costa peruana, a ressurgência aumenta ainda mais o gradiente de temperatura zonal.

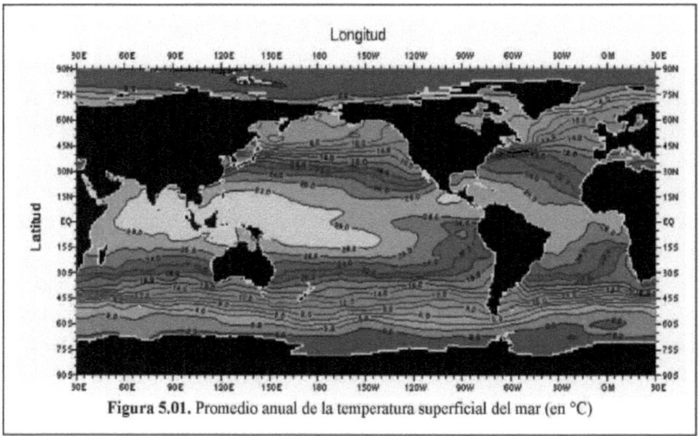

Figura 5.01. Promedio anual de la temperatura superficial del mar (en °C)

As isotermas desde o equador até aos pólos permitiram dividir o ocëano em zonas. Até à isotérmica de 20°C, define-se a zona quente (tropical), entre as isotérmicas de 20°C e 12°C a zona subtropical, entre as isotérmicas de 12°C e 6°C a zona temperada ou subpolar (subantárctica ou subárctica), e abaixo da isotérmica de 6°C a zona polar (antárctica ou árctica). Entre as latitudes de 75° e 80° (norte e sul), as temperaturas médias descem para -1°C e -1,8°C. Esta divisão apresenta algumas anomalias devido à circulação das águas que transferem energia na direção do meridiano. Assim, no extremo leste da zona tropical, as águas são mais frias do que no oeste, porque a circulação oceânica desloca as águas subtropicais quentes em direção ao equador, o que, por sua vez, gera o fenómeno de afloramento. Por esta razão, as zonas temperadas têm uma assimetria tërmica oeste-leste.

Foram igualmente registadas variações periódicas e aperiódicas, diurnas, sazonais, anuais e decadais da temperatura à superfície, sempre menos pronunciadas do que as da atmosfera. Ao largo da costa, a amplitude diurna é da ordem de 1°C, enquanto a oscilação sazonal depende fortemente da latitude: forte na zona temperada (6 a 9°C) e mais fraca nas zonas quentes e frias (4,5°C). Perto das costas e nos mares costeiros, as amplitudes anuais aumentam.

No que diz respeito à distribuição vertical, desde a superfície até 2000 m de profundidade a temperatura diminui rapidamente nas zonas tropicais e subtropicais, enquanto nas zonas polares a diminuição é insignificante ou ocorre mesmo como um fenómeno de inversão em que as águas superficiais podem ser mais frias do que nas camadas subjacentes. Entre 1500 e 2000 m, a temperatura diminui muito lentamente e, de um modo geral, os oceanos tendem a tornar-se mais uniformes no intervalo de 0 a 3°C. Em certas profundidades, especialmente na camada superior, há uma intensificação do chamado gradiente termoclínico, como aquele entre as águas superficiais de temperatura variável e as águas subjacentes de temperatura mais estável.

Dependendo da região e da estação do ano, esta termoclina pode encontrar-se a uma profundidade de algumas dezenas de metros ou até 600 - 700 m de profundidade. Naturalmente, as oscilações diurnas e sazonais desaparecem rapidamente a cerca de 20 m para as águas superficiais e a cerca de 100-150 m para as águas subjacentes. Em termos gerais, do ponto de vista térmico, pode dizer-se que o oceano é constituído por uma parte quente, acima dos 10°C, que se estende entre a superfície e os 500 m de profundidade e não ultrapassa os

50°N e os 45°S, e que é sobreposta por uma parte fria (temperatura inferior a 10°C), que é muito mais volumosa, uma vez que ocupa toda a parte restante do oceano entre 500 m e o fundo, e que - aflora à superfície a norte e a sul de 50°N e 45°S; É a única parte das águas oceânicas onde se forma gelo.

Na prática, as medições de temperatura no mar (*in situ*) são feitas com termómetros de mercúrio especialmente concebidos (termómetro reversível) que registam a temperatura quando uma amostra de água do mar é recolhida a uma profundidade ou com um termómetro de resistência eléctrica.

As garrafas habitualmente utilizadas para a recolha de amostras de água do mar, contendo cada uma delas um termómetro protegido dos efeitos da pressão por um invólucro de vidro, têm uma precisão de ±0,01°C. Devem ser aplicadas duas correcções às leituras de cada termómetro: A primeira é para corrigir o erro instrumental e é fornecida pelo fabricante, para cada termómetro, e; uma vez que a temperatura e a pressão a que os termómetros são lidos são diferentes daquelas a que foram tomados, a segunda é para corrigir o erro instrumental e é fornecida pelo fabricante, para cada termómetro, e; uma vez que a temperatura e a pressão a que os termómetros são lidos são diferentes daquelas a que foram tomados.

Na amostra, deve ser aplicada uma segunda correção por expansão do vidro e do mercúrio. Finalmente, são comparados com os dados relativos ao ângulo e ao comprimento do fio.

A profundidade da amostragem só pode ser determinada utilizando o comprimento do cabo e o ângulo se o ângulo for inferior a 5° e o comprimento do cabo for de várias centenas de metros. A profundidade das amostras profundas pode ser determinada por meios indirectos.

Com o conhecimento das profundidades de amostragem, podem ser preparados gráficos de profundidades de amostragem ou gráficos de distribuições de parâmetros, quer para cada estação quer para uma série de estações. A elaboração de um diagrama T-S, cuja construção é explicada a seguir, pode ajudar não só na identificação das massas de água, mas também na identificação de erros que possam contaminar os dados.

Variação anual da temperatura

A área de superfície numa determinada região depende de muitos factores, entre os quais o mais importante é a variação durante o ano da a radiação solar, o comportamento das correntes e dos ventos dominantes. As características da variação anual da

A temperatura da superfície varia de um local para outro. De um modo geral, a amplitude térmica anual à superfície é maior no Pacífico Norte e no Atlântico Norte do que nas suas partes meridionais.

> ### *Profundidades padrão*
>
> Quando os dados oceanográficos são publicados, o conjunto de dados original e também o conjunto de dados interpolados para as profundidades padrão que, por acordo da *Associação, devem* ser incluídos.
>
> *International Physical Oceanography*, 0; 10; 20; 20; 30; 50; 75; 100; 150; 200; (250); 300; 400; 500; 600; (700); 800; 1000; 1200; 1500; 2000; 2500; 3000; 4000 metros... até ao limite de amostragem. Os gráficos das distribuições de temperatura são apresentados no quadro seguinte.
>
> Os valores destes parâmetros em profundidades padrão podem ajudar-nos a estimar com exatidão os valores destes parâmetros em profundidades padrão.
>
> A publicação dos dados em formato normalizado facilita os estudos comparativos. Segue-se o cálculo dos parâmetros que são funções dos parâmetros médios, tais como a densidade, a temperatura potencial, a altura dinâmica, etc.

Nas camadas subsuperficiais, a variação da temperatura depende de quatro factores: a variação da quantidade de calor absorvida diretamente a diferentes profundidades; o efeito da condução de calor; a variação das correntes relacionadas com o deslocamento vertical das massas de água; e o efeito do movimento vertical (como o afloramento).

5.2. Salinidade

Como já foi indicado, a água do mar contém 3,5% de sais, gases dissolvidos, substâncias orgânicas e partículas em suspensão, e a sua presença influencia, em certa medida, a maioria das propriedades físicas da água do mar, como a densidade, o ponto de congelação, a temperatura de densidade máxima (figura 5.2), a condutividade eléctrica, etc., mas não desenvolve novas propriedades. Algumas propriedades que não são significativamente afectadas pela salinidade são a viscosidade, a absorção de luz, a compressibilidade, a expansão térmica e a refratividade. Duas propriedades que são determinadas pela quantidade de sal no mar são a condutividade e a pressão osmótica.

Um dos efeitos da salinidade é o aumento dos valores de algumas propriedades térmicas do mar; por exemplo, o aumento do calor específico, pelo que as correntes oceânicas transportam muita energia térmica; o elevado calor latente de fusão faz com que a temperatura nas regiões polares se mantenha próxima do ponto de liquefação; o elevado calor latente de evaporação é importante na transferência de calor do mar para o ar.

A salinidade é convencionalmente definida como a quantidade total, em gramas, de matéria sólida dissolvida num quilograma de água, tendo todos os carbonatos sido transformados em óxido, o bromo e o iodo substituídos por cloro, e toda a matéria orgânica oxidada, tudo isto secando a uma temperatura de 480°C. A determinação da salinidade desta forma requer a aplicação de uma técnica muito refinada que não é prática em casos aplicados e comuns de investigação.

Como alternativa, foi proposta a medição da *clorinidade*, baseada no princípio da *Lei da Constância da Composição*, que estabelece que, para os principais constituintes da água, as proporções são praticamente constantes, independentemente da concentração absoluta dos sólidos totais. Esta lei permite encontrar a salinidade através da simples determinação da concentração de um deles. A clorinidade é definida como a quantidade em partes por mil de cloro, iodo e bromo expressa em gramas por quilograma de água do mar, assumindo que os dois últimos foram substituídos pelos primeiros. A clorinidade é determinada por titulação da água do mar com uma solução de nitrato de prata na presença de cromato de potássio.

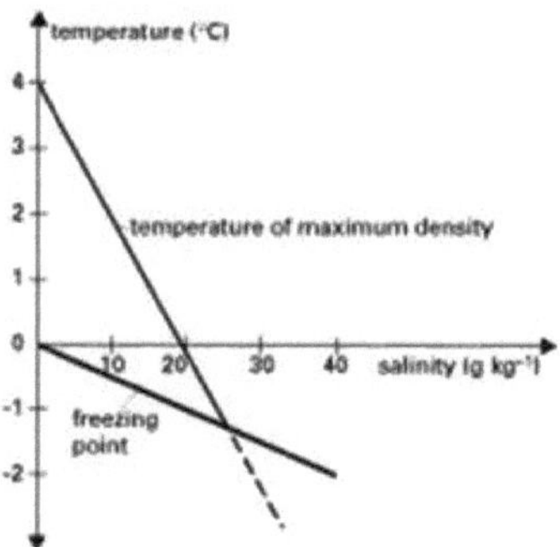

Figura 5.02. Gráfico que representa a diminuição da temperatura de densidade máxima e do ponto de congelação com o aumento da salinidade.

A definição de salinidade foi novamente revisitada quando foram desenvolvidas técnicas para determinar a salinidade a partir de medições de condutividade, temperatura e pressão. Sabe-se que a condutividade da água do mar depende fortemente da salinidade da água do mar. Estas técnicas são muito mais rápidas e podem ser aplicadas no terreno sem necessidade de um laboratório químico. A UNESCO e o Instituto

As *Tabelas Oceanográficas Internacionais* que apresentam as relações entre a condutividade eléctrica, a salinidade e a clorinidade foram publicadas pelo Gabinete Oceanográfico Nacional da Grã-Bretanha. Desde 1978, a Escala Prática de Salinidade define a salinidade em termos de um rácio ou quociente de condutividades:

-A salinidade prática, designada por S, de uma amostra de água do mar é definida em termos da razão, K, entre a condutividade eléctrica de uma amostra de água do mar a 15° e à pressão de uma atmosfera padrão e a de uma solução de cloreto de potássio (KCl), na qual a fração mássica total de KCl é 0,0324356, à mesma temperatura e pressão. O valor de K igual a 1 corresponde exatamente, por definição, a uma salinidade prática igual a 35 l.

A fórmula correspondente é:

$$^{1/23/22}S = 0,0080 - 0,1692\ K + 25,3853\ K + 14,0941\ K - 7,0261\ K + 2,7081\ K^{5/2}$$

Nesta definição, a salinidade é um quociente, pelo que não tem unidade, mas o antigo valor de 35^ corresponde ao valor de 35 na salinidade prática. Alguns oceanógrafos ainda não estão habituados a utilizar números sem unidade, pelo que escrevem -35 psul, ou seja, -salinidade prática unitl, embora isto não faça qualquer sentido.

Qualquer que seja o método escolhido para a determinação da salinidade, seja por titulação (Strickland e Parsons, 1968), por condução ou por indução (UNESCO, 1971) ou pela utilização do índice de refração, é necessário efetuar esta determinação com três casas decimais de precisão. A exatidão de uma única determinação da salinidade por titulação é de ± 0,017%, por condução é de ± 0,005% e por indução é de ± 0,003%.

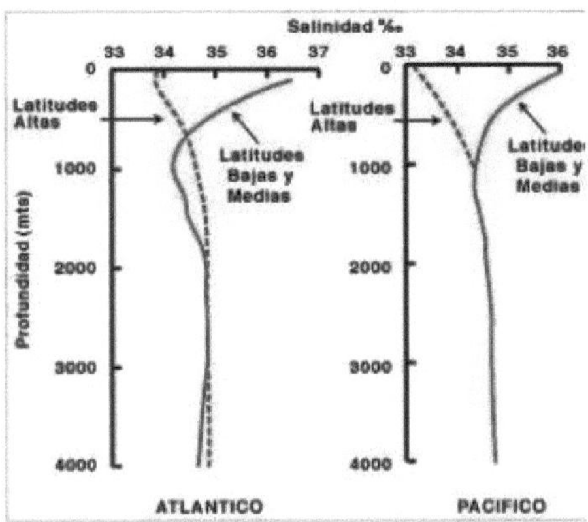

Figura 5.03. Variação da salinidade com a profundidade.

A salinidade nos oceanos varia entre 33% e 37%, com uma média anual global de 34,7%, embora seja muitas vezes conveniente utilizar o valor de 35%. Cerca de 90% do volume oceânico mundial tem um intervalo muito mais pequeno de 34% a 35% de salinidade. A salinidade das águas profundas varia no intervalo de 34,6% a 35% (Figura 5.03). A salinidade é mais elevada nas latitudes médias, enquanto que nas latitudes baixas e altas é mais baixa. Os principais processos responsáveis por esta distribuição são a evaporação e a precipitação nas latitudes baixas e médias, pelo que, quando a evaporação excede a precipitação, a salinidade é mais elevada (como no Mar Vermelho, no Mediterrâneo e nas Caraíbas) e nas zonas de elevada precipitação é mais baixa, como no equador.

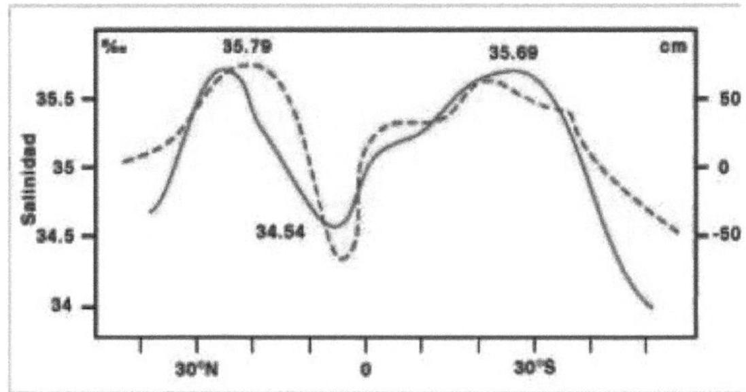

Figura 5.4. Variação da salinidade média global à superfície e da diferença entre a evaporação e a precipitação em função da latitude (Sverdrut et al., 1941).

Este equilíbrio, juntamente com o processo de mistura, dá uma correlação linear com a salinidade à superfície (Fig. 5.4). A curva de salinidade à superfície para todos os oceanos segue a curva de evaporação, mostrando um máximo a 25°N de 35,79%, um mínimo de 34,54% a 25°N e um mínimo de 34,54% a 25°N.

5°N, um máximo secundário a 20 - 25°S de 35,69% diminuindo acentuadamente em direção aos pólos. Por outro lado, a congelação e a fusão do gelo desempenham um papel importante na distribuição da salinidade nas zonas polares. Assim, onde o gelo derrete, a salinidade diminui.

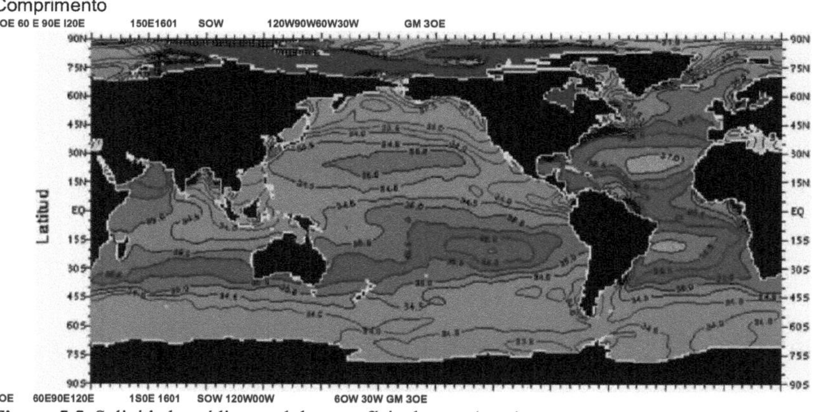

Figura 5.5. Salinidade média anual da superfície do mar (ppm).

As variações da salinidade superficial, referentes a grandes áreas, dependem principalmente das variações na diferença entre a evaporação e a precipitação, considerando os períodos anuais. As variações diurnas não foram registadas e são mínimas, pelo que na prática são negligenciadas.

A distribuição da salinidade é zonal, mas as correntes marítimas podem introduzir alterações a este padrão, como se pode ver no gráfico de distribuição da salinidade apresentado na Figura 5.5.

3.4 Pressão

A pressão média em qualquer superfície é definida como a força por unidade de área que actua perpendicularmente a essa superfície. A pressão é uma medida da força que actua no interior do oceano. Sob a influência da gravidade, a pressão varia em função da profundidade e será maior no fundo do oceano do que na sua superfície. A unidade

A unidade mais comummente utilizada em oceanografia é o decibar, embora possam ser utilizadas outras unidades como o pascal, a atmosfera, etc. As pressões mais elevadas encontram-se em profundidade porque suportam o maior peso de água (pressão hidrostática):

$$p = \rho\, g\, z$$

A pressão exercida por centímetro quadrado num metro de água do mar é muito próxima de 1 decibar, ou seja, a pressão hidrostática aumenta um decibar por cada metro de profundidade. Por conseguinte, a profundidade em metros e a pressão em decibares têm aproximadamente o mesmo valor. Esta regra é suficientemente exacta para determinar o efeito da pressão nas propriedades físicas da água, mas para obter detalhes sobre a distribuição da pressão, esta deve ser calculada a partir da distribuição da densidade.

Para efeitos oceanográficos, a pressão atmosférica é sempre ignorada, pelo que a pressão à superfície do mar é considerada zero. A pressão é essencialmente uma função da profundidade e do valor numérico em decibares. O intervalo de pressão vai de zero à superfície até cerca de 11 000 decibares na parte mais profunda do oceano.

A pressão tem a sua origem a nível molecular, pelo que é considerada uma variável de estado. A linha de igual pressão é conhecida como isóbaras.

CAPÍTULO VI

FISKAS PROPRIEDADES

O impacto do ocëano no clima global do nosso planeta é inquestionável. Muitas das actividades do homem estão direta ou indiretamente ligadas ao oceano, pois este é utilizado como meio de transporte, como fonte de alimentos, como fonte de recursos materiais e energéticos, etc.; daí o interesse do homem em conhecê-lo e compreendê-lo desde os primórdios da sua presença no planeta. A sua dinâmica, enquanto parte do ecossistema terrestre, permite-lhe interagir de forma complexa, sobretudo com a atmosfera, moldando em grande parte o clima do mundo tal como o conhecemos. Ocorrem continuamente acontecimentos e fenómenos atmosféricos de pequena e grande escala, alguns com impacto global, como é o caso do fenómeno do "clima da Terra". Para compreender como estes fenómenos ocorrem, é necessário compreender as suas propriedades mais elementares, como se distribuem espacial e temporalmente.

As propriedades que mais influenciam os oceanos são as propriedades físicas, como a densidade, a transferência de calor, as correntes, etc., que são indicadores que representam muito bem o estado do mar num dado momento. As propriedades físicas, por sua vez, dependem das variáveis temperatura, salinidade e pressão, que foram abordadas no capítulo anterior.

O oceano é composto principalmente por água pura, que representa 96,5%. Os outros 3,5% são constituídos por partículas em suspensão, gases e sais dissolvidos de quase todos os elementos conhecidos na Terra. É conveniente considerar a estrutura da molécula de água, bem como a base química das propriedades muito peculiares que a tornam única, um passo necessário para compreender o papel que a água desempenha nas propriedades físicas da água do mar.

Vamos então rever algumas das propriedades da água pura.

6.1. Propriedades da água pura.

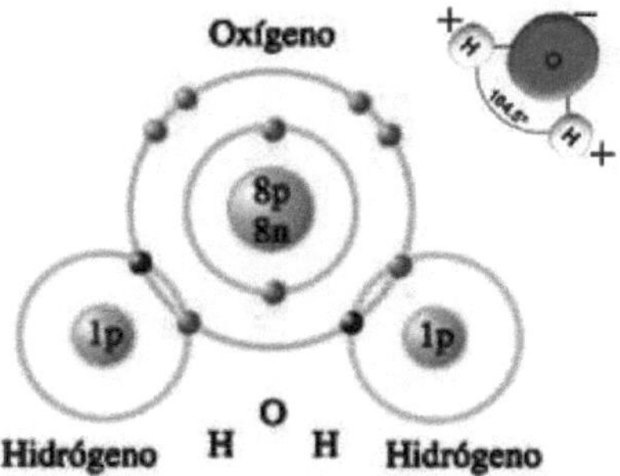

Figura 6.1. A molécula de água. Fonte: http://www.fisicanet.com.ar/biologia/introduccion
_biologia/ap01_introduccion_a_la_biologia.php

A molécula de água é muito simples: é composta por dois átomos de hidrogénio e um átomo de oxigénio. A ligação entre o oxigénio e o hidrogénio é do tipo covalente.

Com efeito, cada átomo de hidrogénio partilha o seu único eletrão com o átomo de oxigénio, enquanto este último atrai os dois electrões de que necessita para completar a sua camada exterior, criando assim uma molécula estável. Os dois átomos de hidrogénio estão ligados ao átomo de oxigénio de forma assimétrica, formando um ângulo de 104,5° entre si. O efeito imediato desta distribuição é que a carga negativa se concentra no oxigénio (os electrões ficam mais tempo à volta do seu núcleo) e a carga positiva no hidrogénio (os electrões ficam menos tempo à volta do seu núcleo). As cargas fazem da molécula de água um dipolo, ou seja, tem cargas negativas e positivas, uma em cada extremidade.

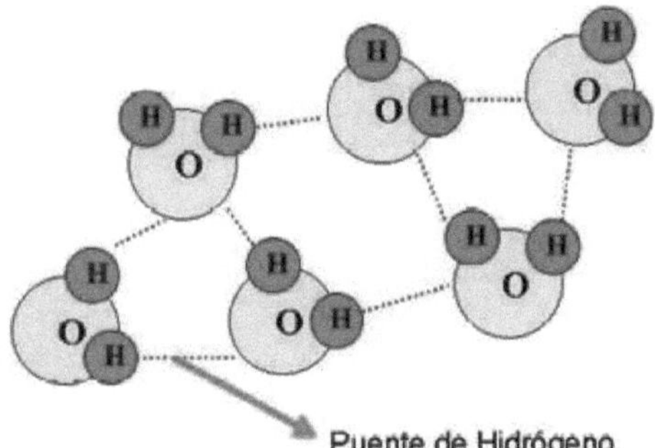

Figura 6.2. A molécula de água. Fonte:
http://preupsubiologia.googlepages.com/2preupsubiologia

Esta natureza polar desta molécula faz com que se comporte como um ião. A extremidade do hidrogénio (carregada positivamente) atrai o lado do oxigénio (carregado negativamente) de outra molécula de água adjacente. Desta forma, formam-se *ligações de hidrogénio ou pontes de hidrogénio* entre as moléculas adjacentes (fig. 6.2). Estas ligações são fracas quando comparadas com as ligações de partilha de electrões (6%), pelo que são facilmente quebradas e reestruturadas.

As ligações de hidrogénio e a polaridade das moléculas de água são responsáveis por muitas das características únicas e propriedades físicas da água:

Se a água não fosse polar, seria um gás à temperatura ambiente e teria um ponto de congelação extremamente baixo (ver figura 6.1). Assim,

> impossível de viver.

> Na interface ar-água, a natureza atractiva polar da água faz com que as moléculas à superfície sejam fortemente pressionadas pelas moléculas abaixo, permitindo a formação de uma película na superfície da água, suficientemente forte para suportar pequenos objectos. Este fenómeno é conhecido como tensão superficial e a água tem a tensão superficial mais elevada de todos os líquidos comuns, perdendo apenas para o mercúrio.

> O ângulo entre os dois átomos de hidrogénio é de 104,6° (~105°), próximo do ângulo de um tetraedro, ou seja, uma estrutura com quatro braços que emanam de um centro em ângulos iguais (109°28'). A ligação de hidrogénio entre as moléculas de água com uma estrutura tetraédrica é suficientemente forte para permitir que os átomos de oxigénio tenham quatro átomos de hidrogénio associados a eles numa disposição tetraédrica. A força eletrostática entre a carga positiva e negativa é grande. As moléculas de água tendem a interagir fortemente umas com as outras, bem como com outros iões. As ligações de hidrogénio necessitam de uma energia de ligação 10 a 100 vezes menor do que as ligações moleculares, pelo que a água é muito flexível nas suas reacções para alterar as condições químicas.

> Devido à ligação de hidrogénio, a água líquida é uma mistura de moléculas de água

individuais e aglomerados de ligações de moléculas de água. Normalmente formam agregados de duas, quatro e oito moléculas. Em contraste com a agregação de outras moléculas que são mais compactas, os tetraedros têm, por natureza, redes mais abertas. A temperaturas elevadas, predominam as moléculas simples ou os agregados de duas moléculas. À medida que a temperatura diminui, aumentam as agregações maiores, que ocupam mais espaço do que as do mesmo número de moléculas com agregações mais pequenas. Como resultado, a densidade da água atinge o seu máximo a 4°C.

> A água tem uma elevada capacidade de conter energia térmica, com o maior calor de vaporização das substâncias mais comuns (tendo assim um elevado ponto de ebulição que lhe permite ser absorvida à superfície da Terra relativamente quente). Quando a água se evapora, absorve quantidades consideráveis de calor.

> A água tem um elevado calor latente de fusão. Quando o gelo se forma, é libertada uma grande quantidade de energia térmica. A água actua, portanto, como um amortecedor contra as mudanças de temperatura e impede que o clima da Terra flutue rapidamente.

> Tem um poder de dissociação invulgarmente forte, ou seja, separa o material dissolvido em iões eletricamente carregados. O ião carregado é rodeado por moléculas de água dipolares, o que se designa por hidratação.

> A condutividade da água pura é relativamente baixa. Quando contém sais dissolvidos, como a água do mar, a condutividade aumenta significativamente, sendo equivalente a metade da do cobre.

Propriedade solvente da água. A água é o solvente universal. (Como actua a molécula de água? Devido à sua natureza polar, os hidrogénios da molécula de água formam ligações entre os seus iões de hidrogénio e de sódio. No caso da água do mar, se considerarmos um composto que contenha ligações iónicas, como o cloreto de sódio, quando essa substância é colocada na água, a atração eletrostática entre os iões de sódio e de cloreto é reduzida em cerca de 80 vezes. Quando mais iões de sódio e cloro são libertados, devido ao enfraquecimento da atração eletrostática que os mantém unidos, ficam rodeados pelas moléculas polares da água. Desta forma, o cloro e o sódio são separados pela água e dissolvidos nela.

Algumas propriedades térmicas da água pura são:

Ponto de congelação e de ebulição da água: O ponto de congelação da água, ou seja, quando passa do estado líquido para o estado sólido, ocorre a uma temperatura de 0°C. O ponto de ebulição ou de vaporização da água é de 100°C, quando passa de líquido a vapor. Os pontos de congelação e de ebulição da água são muito mais elevados do que os de outras moléculas semelhantes, como o H_2Te, o H_2Se e o H_2S, devido ao seu dipolo e às ligações de hidrogénio.

Capacidade calorífica: Um resultado direto da ligação de hidrogénio é a elevada capacidade calorífica da água. Uma caloria é a quantidade de calor necessária para aumentar a temperatura de 1 g de água em 1°C. A capacidade térmica da água é grande em comparação com a da maioria das outras substâncias.

Calor latente de liquefação e vaporização: A capacidade calorífica invulgarmente elevada da água está intimamente relacionada com o seu elevado calor latente de liquefação e calor latente de vaporização. Na temperatura em que ocorre a mudança de estado de qualquer substância, não há aumento de temperatura, mesmo que o calor esteja a ser continuamente adicionado, uma vez que é utilizado inteiramente para quebrar todas as ligações necessárias para completar a mudança de estado. A quantidade de calor necessária para que 1 g de uma substância, no ponto de liquefação, passe do estado sólido para o estado rico é designada por *calor latente de liquefação*. O calor aplicado para efetuar uma mudança de estado no ponto de ebulição é o *calor latente de vaporização*. O calor latente de liquefação para converter 1 g de gelo em 1 g de água é de 80 Cal, e é mais elevado para a água do que para qualquer outra substância. O calor latente de vaporização necessário para converter água em vapor é de 540 Cal.

Tensão superficial: Num tubo de diâmetro muito pequeno, a força de coesão, que mantém as moléculas de água unidas, em combinação com a força de atração adesiva entre as moléculas de água e o recipiente de vidro, puxará a coluna de água para grandes alturas. Este fenómeno é conhecido como capilaridade.

Tabela 6.1. Valor da temperatura da água em que algumas propriedades físicas atingem um mínimo

Propriedades	T°C
Solubilidade do oxigénio	80
Volume específico	
Calor específico	
Solubilidade do hidrogénio	
Compressibilidade	
Velocidade da luz	
Velocidade do som	74

As propriedades físicas da maioria das substâncias apresentam uma variação uniforme com a temperatura. No entanto, a maioria das propriedades físicas da água pura apresenta um máximo a uma determinada temperatura intermédia. A velocidade do som apresenta um máximo a 74°C.

Ao congelar, todas as moléculas de água formam tetraedros. Este facto leva a um aumento súbito do volume, ou seja, a uma diminuição da densidade. A fase sólida da água é, portanto, mais leve do que a fase líquida, o que é uma propriedade rara. Algumas consequências importantes são:

> O gelo flutua. Isto é importante para a vida nos lagos de água doce, uma vez que o gelo actua como um isolante contra a perda adicional de calor, impedindo que a água congele desde a superfície até ao fundo.

> A densidade apresenta uma diminuição rápida à medida que se aproxima do ponto de congelação. A expansão que resulta durante o congelamento é uma causa importante da meteorização das rochas devido à ação atmosférica.

> O ponto de congelação diminui com a pressão. Assim, a fusão ocorre na base dos glaciares, o que facilita o seu fluxo.

> As ligações de hidrogénio cedem sob pressão, ou seja, o gelo sob pressão torna-se plástico. Como resultado, o gelo que se forma em terra nas regiões da Antárctida e do Ártico flui para o mar e forma icebergues nas margens exteriores. Sem este processo, toda a água do mundo acabaria por se transformar em gelo nas regiões polares.

6.2. Densidade

A densidade é definida como a relação entre o peso e o volume de uma substância. A gravidade específica é definida como a relação entre a densidade e a densidade da água destilada a 4°C. Em oceanografia, o termo densidade p é geralmente utilizado, embora, em rigor, seja sempre considerado como a gravidade específica.

A densidade é uma propriedade fundamental para o estudo da dinâmica dos oceanos. Pequenas diferenças horizontais provocam correntes. A densidade da água do mar depende de três variáveis: temperatura, salinidade e pressão ($p_{t,s,p}$). A densidade aumenta com o aumento da salinidade e a diminuição da temperatura (exceto a temperaturas inferiores ao máximo de densidade). [3]Em 1902, Knudsen e Ekman desenvolveram a equação de estado que expressa a densidade em unidades de g/cm , em função das suas variáveis. Em 1980, foi estabelecida a equação de estado internacional.

$$\rho = f(T,S,p)$$

Onde:

T = temperatura, em °C

S = salinidade, psu

p = pressão, em decibares

ρ = densidade, kg/m^3

[33]Uma densidade de 1,025 g/cm na fórmula de 1902 corresponde a 1025 kg/m na fórmula de 1980. [3]A densidade média da água do mar é de 1025 kg/m .

Em oceanografia física, é necessário medir a densidade com pelo menos cinco casas decimais. A fim de minimizar os erros de registo e por conveniência, utiliza-se o sistema *sigma* em vez de densidade. $(\rho_{s,t,p})$ $(\sigma_{s,t,p})$. Neste sistema, a densidade in *situ* é substituída pelo *sigma in situ* . Os subíndices s, t e p indicam, respetivamente, a salinidade, a temperatura e a profundidade (ou pressão) da amostra. O sigma *in situ* é uma medida da densidade da amostra no local de amostragem e é definido por

$$\sigma_{s,t,p} \left(= \rho_{s,t,p} -1\right) \times 1000$$

[4]Se a densidade for referida à superfície do mar, onde a pressão hidrostática é nula, é designada por *sigma-t*, que tem a seguinte definição

$$\sigma_t = \left(\rho -1000\right) kg \cdot m^{-3}$$

para temperaturas de -2 a 30°C e salinidades de 20^ a 40^ cobrindo as gamas encontradas em oceanos abertos. Trata-se principalmente de águas subsuperficiais, representando o resto da gama volumes limitados de águas superficiais.

À superfície, a densidade é determinada pela temperatura e pela salinidade: é proporcional à salinidade e inversamente proporcional à temperatura; esta relação não é linear, mais para a temperatura do que para a salinidade. As águas mais salgadas e mais frias são as mais densas e, por conseguinte, as mais profundas. Como a salinidade varia menos do que a temperatura no oceano aberto, a densidade da água à superfície depende mais desta última.

Por outro lado, a densidade é menos sensível às variações de temperatura a baixas temperaturas do que a altas temperaturas. Note-se que a água pura tem uma densidade máxima de cerca de 4°C à pressão atmosférica, mas para a água do mar diminui devido à salinidade. A densidade máxima seria obtida a -3,7°C para uma água com uma salinidade de 35^ abaixo do ponto de descongelação. Isto explica porque é que, no mar, a densidade da água aumenta continuamente à medida que a temperatura diminui e porque é que as águas superficiais congelam antes de atingirem o limiar de densidade que as tornaria mais densas do que as águas de fundo, o que evita a homotermia por mistura vertical. [-3]Uma regra prática útil

---

[4] Este termo foi introduzido como uma abreviatura. [33]A densidade da água do mar à pressão atmosférica varia entre cerca de 1000 kg-m para a água quase doce e cerca de 1028 kg-m para as águas oceânicas mais densas. Como a variação está nos dois últimos dígitos, apenas estes dois dígitos são utilizados para fins descritivos.

é que a densidade aumenta em cerca de 1 parte em 1000 (ou seja, em 1 kgjn) para uma variação de temperatura de -5°C, para uma variação de salinidade de +1 ou para uma variação de pressão de +200 dbar (equivalente a um aumento de profundidade de cerca de 200 m).

Na direção vertical, a densidade varia não só com a temperatura e a salinidade, mas também aumenta com a pressão. Aumenta rapidamente com a profundidade. [22]Uma coluna de água de 1 m de altura e 1 dm de superfície exerce uma pressão de 10,3 k (0,103 k/cm). [2]A 1000 m será de 103 k/cm . Em resumo, a densidade aumenta com a profundidade à medida que a temperatura diminui, mas mais nas baixas latitudes, onde a diferença entre a superfície e a superfície é maior (24 a 27,9) do que nas zonas frias, onde o gradiente é mais fraco (27 a 27,9). Este facto tem duas consequências hidrológicas muito importantes:

> Os movimentos verticais da água gerados pelas diferenças de densidade são mais facilitados nas regiões temperadas e frias do que na zona quente, onde as altas temperaturas das camadas superficiais retêm água de baixa densidade que não pode afundar-se até às profundezas.

> As águas de alta densidade que enchem o fundo dos oceanos são formadas à superfície, gerando uma circulação predominantemente meridional, enquanto a das águas superficiais, devido à influência dos ventos, é principalmente latitudinal.

Uma vez que as águas de diferentes densidades não se misturam, ou apenas se misturam muito lentamente, é habitual distinguir as massas de água de acordo com a sua temperatura e salinidade, ou seja, com base na sua densidade. Para o efeito, são estabelecidos perfis de temperatura e salinidade em função da profundidade, os chamados diagramas TS, que associam as temperaturas como ordenadas e as salinidades como abcissas no mesmo gráfico. Os

A existência de massas de água com diferentes propriedades físicas é, juntamente com os ventos, a força motriz da circulação geral dos oceanos. Estas massas de água adquirem a maior parte das suas propriedades à superfície, em contacto com a atmosfera.

A densidade *in situ* pode ser determinada pelas expressões de Knudsen (1901), Forch et al. (1902) e Ekman (1908) utilizando determinações da profundidade de amostragem (pressão), salinidade e temperatura da amostra. Knudsen (1901) determinou a anomalia da gravidade específica.

ρ $(\alpha=1/\rho)$ Em muitas publicações oceanográficas, o termo densidade é por vezes utilizado ( ), por vezes densidade relativa (d), por vezes volume específico (e por vezes -sigma-t). No entanto, deve ter-se em conta que a quantidade obtida a partir de expressões polinomiais ou tabelas que utilizam valores de temperatura, salinidade e pressão é, estritamente falando, a densidade relativa, porque se baseiam em comparações da água do mar com água pura, e não em medições de densidade absoluta, que são muito mais difíceis de medir. [6]A densidade relativa pode ser dada com uma exatidão de cerca de 3 em 10, mas a densidade própria só tem uma exatidão de 10 em 106. Felizmente, na maioria dos casos, são as diferenças de densidade que são importantes.

(α), $(\alpha=1/\rho)$ 3-1 *O volume específico*, como mencionado acima, é o recíproco da densidade e tem as unidades de m kg . (δ) $[\Delta_{s,t}]$ Em oceanografia, são utilizadas duas outras densidades de quantidades relacionadas, a *anomalia de volume específico* e a *anomalia termostérica*, que serão definidas mais adiante.

Densidade e volume específico em função da temperatura, salinidade e pressão. $\rho = \rho_{(T,p)}$

$\alpha = \alpha_{(T,p)}$. Para um fluido monocomponente, a determinação da densidade é efectuada quando T é a temperatura absoluta (termodinâmica) e o volume específico, ou seja, são apenas uma função da temperatura e da pressão. $\alpha = \alpha_{(s,T,p)}$. $\alpha = \alpha_{(s,T,p)}$. Para a água do mar, que é um fluido multicomponente, os sais dissolvidos acrescentam mais complicações e Para a água do mar, é habitual utilizar a temperatura Celsius T, em vez da temperatura absoluta T, e a relação pode ser representada como tabelas com os valores observados de S, T e p ou como um polinómio nestes parâmetros.

A partir das primeiras medições da variação da densidade com a temperatura, salinidade e pressão, verificou-se que a forma mais conveniente de expressar os resultados era em termos de volume específico, como se segue:

$$\alpha_{(s,t,p)} = \alpha_{(35,0,p)} + \delta_s + \delta_t + \delta_{s,t} + \delta_{s,p} + \delta_{t,p} + \delta_{s,t,p}$$

$$\alpha_{(s,t,p)} - \alpha_{(35,0,p)} = \delta = +\Delta_{s,t} + \delta_{s,t} + \delta_{s,p} + \delta_{t,p} + \delta_{s,t,p}$$

$\alpha_{(s,t,p)}$ $\alpha_{(35,0,p)}$ Nestas expressões, é o volume específico de uma amostra de água de salinidade S, temperatura T e pressão marítima p. Em seguida, é o volume específico de uma água do mar padrão arbitrária de $S=35$, $T=0°C$ e pressão p na profundidade da amostra. Este termo expressa a maior parte dos efeitos da pressão sobre o volume específico. O termo 5, anomalia do volume específico, representa a soma dos seis termos de anomalia da primeira equação.

$\Delta_{s,t} = \delta_s + \delta_t + \delta_{s,t}$ A quantidade representa a maior parte dos efeitos da salinidade e da temperatura, independentemente da pressão, e é denominada *anomalia termostérica*.

$\delta_{s,p}$ y $\delta_{t,p}$ Os termos são responsáveis, respetivamente, pela maior parte dos efeitos combinados de salinidade e pressão e temperatura e pressão. $\delta_{s,t,p}$ O último termo é tão pequeno que é sempre negligenciado. $\Delta_{s,t}$, δ, $\delta_{s,p}$ y $\delta_{t,p}$ 'Para águas com menos de 1000 m de profundidade, a anomalia termotérmica é a maior componente da anomalia e os termos de pressão podem frequentemente ser negligenciados. $\Delta_{s,t}$, σ_t, σ_t Nos últimos anos, substituiu em certa medida o , como parâmetro para descrever as características da densidade na camada octanária superior porque pode ser utilizado mais diretamente do que nos cálculos de dinâmica de primeira ordem.

$\alpha(s,t,0)$ ó $1/\rho(s,t,0) = 1/(1000 + \sigma_t)$ y $\alpha(s,t,0) = \alpha(35,0,0) + \Delta_{s,t}$:

$\alpha(35,0,0) = 0,97266 \times 10^{-3}\ m^3 kg^{-1}$ A partir de e observando que é fácil demonstrar que:

$$\Delta_{s,t} = \left(\frac{1000}{1000 + \sigma_t} - 0,97266*10^{-3} \right) m^3\ kg^{-1}$$

Alguns valores são os indicados abaixo:

$$\alpha_t = 23{,}00 \quad 24{,}00 \quad 25{,}00 \quad 26{,}00 \quad 27{,}00 \quad 28{,}00 \quad \mathrm{kg\ m^{-3}}$$

$$\Delta_{s,t}=485{,}7 \quad 390{,}3 \quad 295{,}0 \quad 199{,}9 \quad 105{,}0 \quad 10{,}3\times10^{-8} \quad \mathrm{m^3 kg^{-1}}$$

A variação de densidade, mesmo em pequenas proporções, pode produzir correntes. Assim, o movimento vertical pode trazer água fria de níveis subsuperficiais mais profundos, ou pode causar a submersão da água superficial. Em diferentes locais, diferentes processos exercem uma influência controladora sobre o quadro anual de temperaturas, pelo que o quadro em grande escala é complexo.

A salinidade da água em qualquer região depende principalmente da quantidade relativa de evaporação e precipitação. A evaporação torna a água pura, aumentando assim a concentração de sal nas camadas superficiais. A mistura turbulenta distribui as alterações de salinidade para baixo. A precipitação dilui a água do mar e, nalgumas regiões em que as descargas fluviais são importantes, são também importantes para reduzir a salinidade do mar. As correntes desempenham um papel importante no transporte de água de alta ou baixa salinidade para outras regiões. No inverno e em latitudes elevadas, há outro processo que afecta a salinidade. O gelo marinho é fresco, pelo que o seu arrefecimento renova tanta água pura como a evaporação, aumentando a salinidade da água não congelada. Quando o gelo derrete, a salinidade é reduzida por diluição.

O processo de congelação é interessante. Quando a temperatura desce até ao ponto de congelação, começam a formar-se cristais de gelo puro que se fundem numa matriz. Uma vez iniciado o processo de congelação, este prossegue rapidamente devido ao défice de radiação e algumas bolsas de água salgada ficam mecanicamente presas no interior do gelo espesso. A água salgada congela a uma temperatura mais baixa do que a água doce e, à medida que a temperatura desce, as bolsas de água encolhem gradualmente, concentrando a salmoura, até que finalmente o sal pode cristalizar, no entanto, estas bolsas de salmoura são os pontos mais fracos do gelo. Em qualquer aumento de temperatura, são os primeiros a derreter. Além disso, como a água se expande quando congela, derrete simplesmente por compressão. A acumulação

O gelo formado pelo vento provoca a fusão dos pontos mais fracos, que são as bolsas de salmoura, fazendo-as escorrer para fora do bloco. Assim, com exceção do gelo recém-formado que não foi acumulado pelo vento nem exposto a mudanças de temperatura, o gelo de água do mar é fresco.

A temperatura e a salinidade da água determinam a sua densidade e a distribuição da densidade está intimamente relacionada com a circulação dos oceanos. Numa direção vertical, a densidade tem de aumentar com a profundidade, caso contrário, a água sofrerá um revolvimento e um reajustamento. Na direção horizontal, as variações de densidade só podem ser mantidas se a água se mover horizontalmente. Inversamente, onde quer que um fluxo permanente esteja a fluir, a densidade deve variar de uma parte do fluxo para a outra.

3.6 Propriedades térmicas da água do mar.

São eles:

Expansão térmica. O coeficiente de expansão térmica definido por:

$$e = \left(\frac{1}{\alpha_{s,t,p}} \right)\left(\frac{\partial \alpha_{s,t,p}}{\partial t} \right)$$

é obtido à pressão atmosférica a partir dos termos para D nas tabelas hidrográficas de Knudsen (Sverdrup. 1941). O coeficiente para a água do mar é mais elevado do que para a água pura e aumenta com o aumento da pressão.

Condutividade térmica. Na água, a temperatura varia com o espaço. O calor é conduzido de regiões de temperatura mais elevada para regiões de temperatura mais baixa. [2]A quantidade de calor em calorias gramas por segundo que passa através de uma superfície de cm é proporcional à variação de temperatura por centímetro ao longo de uma linha normal à superfície. O coeficiente de proporcionalidade, y, é designado por coeficiente de condutividade térmica ($dQ/dt = -y\ dt/dn$). [3]Para a água pura a 15°C, o coeficiente é igual a 1,39 x 10 . O coeficiente é um pouco menor para a água do mar e aumenta com o aumento da temperatura.

aumento da temperatura e da pressão. Este coeficiente só é válido, no entanto, se a água estiver em repouso ou em movimento laminar, mas nos oceanos a água está quase sempre num estado de movimento turbulento em que os processos de transferência de calor são completamente alterados. Nestas circunstâncias, o coeficiente de condutividade térmica deve ser substituído por um coeficiente de turbulência que é várias vezes superior e depende mais do estado de movimento do que dos efeitos da temperatura e da pressão.

Calor específico. O calor específico é o número de calorias necessárias para aumentar a temperatura de 1 grama de uma substância em 1°C. No estudo dos fluidos. O calor específico a pressão constante, c_p, é geralmente uma propriedade mensurável, embora em certos problemas o calor específico a volume constante, cv, deva ser conhecido. Uma equação empírica para o calor específico a 0°C e à pressão atmosférica:

$$C_p = 1,005 - 0,004136\,S + 0,0001098\,S^2 - 0,000001324\,S^3$$

Observa-se que o calor de sedimentação diminui com o aumento da salinidade, embora o efeito seja um pouco maior do que seria de esperar da composição da solução. O efeito da temperatura sobre o calor espedáfico não o altera significativamente. O efeito da pressão sobre o calor de sedimentação foi calculado a partir da seguinte fórmula:

$$\frac{dc_p}{dp} = -10^5\ \frac{T}{\rho}\ \frac{\rho}{J}\left(\frac{de}{dt} + e^2 \right)$$

em que p é a pressão em decibares, T é a temperatura absoluta, p a densidade, J a equivalência mecânica do calor e - o coeficiente de expansão térmica. O calor específico a volume constante, que é ligeiramente inferior a c_p, pode ser calculado a partir da seguinte equação:

$$c_t = c_p - \frac{Te^2}{\rho KJ}$$

onde K é a compressibilidade real. A relação $c_p{:}c_v$ para a água de 34,85^ à pressão atmosférica aumenta de 1,0004 a 0°C para 1,0207 a 30°C. O efeito da pressão é apreciável; para a mesma água a 0°C, a razão é de 1,0009 a 1000 decibares para 1,0126 a 10.000 decibares. Esta relação é importante para o estudo da velocidade do som.

Calor latente de evaporação. O calor latente de evaporação da água pura é definido como a quantidade de calor, em gramas calóricas, necessária para evaporar 1 g de água, ou como a quantidade de calor necessária para produzir 1 g de vapor de água à mesma temperatura da água. Apenas esta última definição é aplicável à água do mar. O calor latente de evaporação da água do mar não difere muito da água pura, portanto, entre as temperaturas de 0°C e 30°C a fórmula pode ser usada:

$$L = 596 - 0,52\,t$$

Variação adiabática da temperatura. Quando um fluido é comprimido sem ganho ou perda de calor, é efectuado trabalho no sistema, provocando um aumento da temperatura. Se ocorrer uma expansão, o próprio fluido liberta mais energia, o que se reflecte numa diminuição da temperatura. Esta variação adiabática da temperatura é amplamente conhecida e é importante na atmosfera. A água do mar é compressível e os efeitos do processo adiabático, embora pequenos, devem ser tidos em conta quando se estuda a distribuição vertical da temperatura no oceano profundo e qualquer efeito adiabático está relacionado com alterações na pressão. Mas no mar a pressão pode ser considerada proporcional à profundidade e as variações de temperatura adiabáticas são dadas como variações por unidade de profundidade e não por unidade de pressão. De acordo com Lord Kelvin, a variação de temperatura por centímetro de deslocamento é:

$$10^{-5}\,dt = \frac{Te}{Jc_p}\,g\rho$$

onde T é a temperatura absoluta e g é a aceleração da gravidade e onde os outros símbolos já foram definidos. Esta variação é extremamente pequena e, para efeitos práticos, utiliza-se a variação adiabática da temperatura ao longo de uma distância vertical de 1000 m, designada *por gradiente adiabático de temperatura*. Deve-se notar que o gradiente adiabático de temperatura depende principalmente do coeficiente de expansão térmica tërmica, variando muito mais com a temperatura e a pressão do que com outras quantidades envolvidas.

Δt A temperatura que uma amostra de água obteria se fosse trazida adiabaticamente para a superfície do mar é conhecida como *temperatura potencial* e é designada por 0. Assim, 0=tm-At, onde tm é a temperatura *in situ* e é a quantidade pela qual a temperatura diminuiria adiabaticamente se a amostra fosse elevada à superfície. $34,85\permil$ ($\sigma_0=28,0$) $34,85\permil$ A temperatura potencial pode ser obtida a partir da tabela de gradientes adiabáticos através de cálculos fastidiosos, embora tenham sido preparadas tabelas para encontrar At. Esta tabela é baseada numa salinidade de e é geralmente aplicável a regiões oceânicas profundas, porque nestas a salinidade não difere muito de e porque o efeito da salinidade nos processos adiabáticos é pequeno. $\Delta t=0,925°$ Pode ser que se 2°C de água é trazida adiabaticamente de 8000 m para a superfície, e assim a temperatura potencial da água é 1,075°.

6.4. Condutividade eléctrica

A condutividade da água do mar depende do número de iões dissolvidos por unidade de volume (ou seja, a salinidade) e da mobilidade dos iões (ou seja, a temperatura e a pressão). As suas unidades são mS/cm (miliSiemens por centímetro). Quanto maior for a quantidade de sais dissolvidos, maior será a condutividade. Este efeito continua até que a solução esteja tão cheia de iões que a liberdade de movimento é restringida e a condutividade pode diminuir em vez de aumentar, com duas concentrações diferentes a terem a mesma condutividade. A condutividade aumenta na mesma proporção com um aumento da salinidade de 0,01, um aumento da temperatura de 0,01°C e um aumento da profundidade (ou seja, da pressão) de 20 metros. Na maioria das aplicações oceanográficas práticas, a alteração da condutividade é dominada pela temperatura.

Tabela 6.2. Valores de condutividade de algumas amostras típicas

Temperatura da amostra a 25 °C	Condutividade, μS/cm
Água ultrapura	0.05
Água de alimentação da caldeira	1 a 5
Água potável	50 a 100
Água do mar	53,000
5 % NaOH	223,000
50 % NaOH	150,000
10 % HCl	700,000
32 % HCl	700,000
31 % HNO_3	865,000

Algumas substâncias ionizam-se mais completamente do que outras e, por isso, conduzem melhor a corrente. Cada ácido, base ou sal tem a sua própria curva caraterística de concentração versus condutividade. São bons condutores: os ácidos, as bases e os sais inorgânicos: HCl, $NaOH$, $NaCl$, Na_2CO_3, etc. Os maus condutores são: moléculas de substâncias orgânicas que, pela natureza das suas ligações, não são iónicas e, portanto, não conduzem a corrente eléctrica. O aumento da temperatura diminui a viscosidade da água e permite que os iões se desloquem mais rapidamente, conduzindo mais eletricidade. Este efeito da temperatura é diferente para cada ião. Conhecendo estes factores, a medição da condutividade permite-nos ter uma ideia muito boa da quantidade de sais dissolvidos.

6.5. Propriedades acústicas

O som propaga-se ao longo de raios (da mesma forma que a luz). Assim, as leis da ótica geométrica aplicam-se igualmente ao som.

1. O som percorre trajetórias rectas quando a velocidade do som c é constante; caso contrário, a trajetória desvia-se para a região de valores c mais baixos.

2. Os diferentes feixes são independentes uns dos outros.

3. As trajectórias sónicas são reversíveis.

4. A lei da reflexão (ângulo de incidência = ângulo de reflexão) é válida no fundo do mar, na superfície do mar, nos objectos e nas superfícies.

$$\frac{\sin \alpha_1}{\sin \alpha_2} = \frac{c_1}{c_2}$$

5. A lei da refração é cumprida nas interfaces:

Uma vez que a estratificação no oceano é quase horizontal, a propagação do som na vertical é praticamente ao longo de um caminho reto. Esta é a base da eco-sondagem: a profundidade pode ser conhecida desde que a velocidade média do som seja conhecida. Uma primeira estimativa é de 1500 m s^{-1}; existem tabelas que fornecem correcções de c para diferentes zonas dos oceanos do mundo.

A sua velocidade, c, depende da temperatura, salinidade e pressão e varia entre 1400 ms^{-1} e 1600 ms^{-1}. No oceano aberto, c é influenciado pela distribuição da temperatura e da pressão, mas não muito pela salinidade. Diminui com a diminuição da temperatura, da pressão e da salinidade. A combinação da variação destes três parâmetros com a profundidade produz um perfil vertical da velocidade do som: a temperatura diminui rapidamente no quilómetro superior do oceano, afectando a velocidade do som, ou seja, c diminui com a profundidade. Nas regiões mais profundas (abaixo do quilómetro superior), a variação da temperatura com a profundidade é pequena e c é determinado pelo aumento da pressão, ou seja, c aumenta com a profundidade. As variações verticais da salinidade são demasiado pequenas para terem impacto; mas a salinidade média é determinada se c tiver um valor baixo (se a salinidade média for baixa) ou um valor alto (se a salinidade média for alta) em média.

A Figura 6.3 apresenta exemplos de trajectórias horizontais do som. O primeiro diagrama mostra a propagação do som à profundidade da velocidade mínima do som (cerca de 1000 m de profundidade). Os raios sonoros são desviados para a profundidade da velocidade mínima do som e percorrem longas distâncias a essa profundidade (podem atravessar todos os oceanos). O canal sónico é conhecido como canal SOFAR (SOund Fixing And Ranging). Antes da introdução do Sistema de Posicionamento Global (GPS), o canal SOFAR era utilizado para localizar navios e aviões em situações de socorro e para seguir bóias no estudo das correntes oceânicas. O segundo diagrama apresenta uma situação em que a camada de mistura homotérmica (cerca de 100 m de espessura) está acima da estratificação normal da temperatura. Neste caso, a velocidade do som aumenta devido ao aumento da pressão antes de diminuir devido à diminuição da temperatura. A velocidade máxima do som (cerca de 100 m de profundidade) cria uma zona de sombra, porque todos os raios sónicos são desviados dessa profundidade. O som é um portador de informação utilizado na comunicação humana e animal. O som pode percorrer longas distâncias e, por isso, é utilizado para vários fins, como a sondagem de profundidade, a comunicação, a procura de objectos e medições subaquáticas, pelos animais e pelo homem.

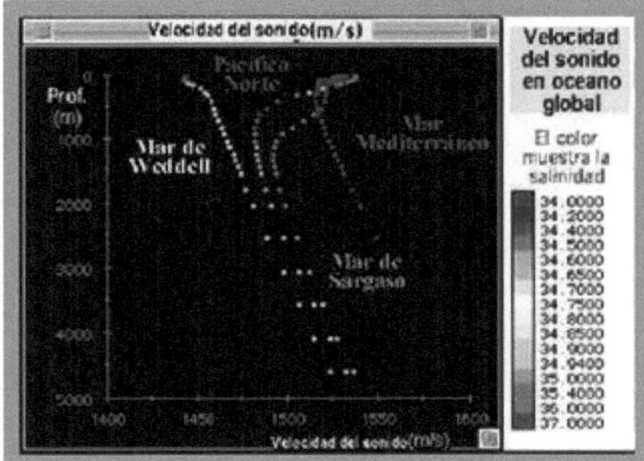

Figura 6.3. Velocidade do som em função da profundidade em várias regiões oceânicas. Perto da superfície, c diminui como resultado da diminuição da temperatura com a profundidade. A uma maior profundidade, as variações de temperatura são menores, pelo que c aumenta linearmente com a pressão (profundidade). Embora o efeito da salinidade na variação de c com a profundidade seja insignificante, a salinidade determina, no entanto, a magnitude global de c: A salinidade é baixa no Oceano Pacífico, mais elevada no Mar dos Sargaços (Oceano Atlântico) e mais elevada no Mar Mediterrâneo. O Mar de Weddell é um exemplo de uma região polar: a temperatura é uniforme em toda a gama de profundidades e é extremamente baixa, pelo que c é também baixo e apresenta apenas uma dependência vertical da pressão (profundidade).

3.9. Compressibilidade.

A capacidade da água de sofrer compressão através da alteração do seu volume. Desde o início do século XX, foram formuladas expressões matemáticas para descrever a compressibilidade média da água do mar, como a dada por Ekman em 1908:

$$\alpha_{s,t,p} = \alpha_{s,t,0}\left(1-kp\right)$$

A compressibilidade real da água do mar é descrita por um coeficiente que representa a variação proporcional do volume específico se a pressão hidrostática for aumentada de uma unidade de pressão. É calculado através da seguinte equação:

$$K = \frac{\left(k + p\,\dfrac{dk}{dp}\right)}{\left(1-kp\right)}$$

em que k é a compressibilidade média quando se utiliza o bar como unidade de pressão e p é a pressão em bar.

CAPÍTULO VII

CAMADA SUPERFICIAL E VENTOS

De toda a massa oceânica, a camada superficial é a mais ativa, em quase todos os sentidos. De facto, é nesta camada que ocorrem as maiores correntes oceânicas, é onde se encontra a maior percentagem de organismos vivos e tem o maior impacto no clima global e na atividade humana.

¿O que é que se entende por camada superficial? Para efeitos do presente documento, corresponde à primeira camada do mar, que se encontra amplamente dividida, variando de zero a duzentos metros de profundidade, e que está exposta à influência direta da atmosfera.

¿O que é que se entende por vento? É a deslocação de massas de ar devido a uma diferença de pressão atmosférica entre dois pontos. A origem dos ventos encontra-se na diferença de temperatura devida ao aquecimento desigual da atmosfera pelo sol, o ar quente tende a subir enquanto o ar frio tende a descer.

Começaremos por tentar descrever as características e propriedades da camada superficial do mar e do vento. Em seguida, descreveremos brevemente os tipos de interacções que ocorrem entre eles e os processos envolvidos. Em particular, serão abordadas as correntes de superfície e as ondas do mar. Finalmente, serão descritos os efeitos desta interação na flora e fauna marinhas, bem como na pesca.

7.1. A camada superficial, os ventos e as suas interacções

A camada superficial. Como mostra a imagem em anexo, corresponde à camada que está em contacto com a atmosfera. Por esta razão, é a mais dinâmica do resto do oceano. É nesta camada que ocorrem as principais correntes e ondas oceânicas, a evaporação e a precipitação, o aquecimento da água pelo sol, as trocas gasosas por processos de difusão ou de mistura. Tudo isto leva a que as massas de água adquiram as suas próprias características, o que, por sua vez, determina a presença e a distribuição da vida vegetal e animal nos oceanos. É nesta camada que o homem exerce a sua influência e a utiliza, seja para navegar, para obter alimentos ou para extrair minerais ou energia para sustentar a civilização humana.

Neste capítulo, vamos focar apenas a interação com o vento, que é responsável pela geração de correntes e ondas, bem como a influência destas interacções nos seres vivos.

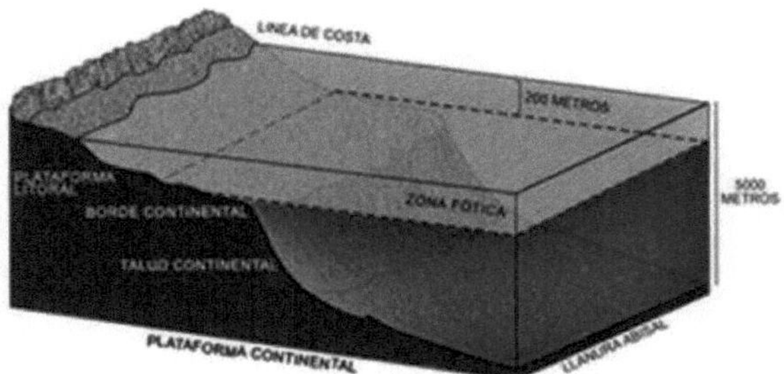

Figura 7.1. Camada superficial dos oceanos, normalmente a 200 m de profundidade. Fonte: http://socialesguada.weebly.com/definiciones-geografa.html

O vento. Relativamente à circulação atmosférica, a circulação geral em grande escala foi descrita no capítulo 3. Na escala local, ao nível da superfície, o vento é definido por dois parâmetros: a direção no plano horizontal e a velocidade. Na mesoescala, existe uma forte relação entre a energia solar tornada стӗйса dos ventos. A Figura 7.2 mostra os ventos médios ao nível da superfície, especialmente a sua ação sobre os oceanos.

Interação entre a camada superficial e os ventos. A superfície dos oceanos está em contacto contínuo com a atmosfera, que se encontra frequentemente em movimento sob a forma de ventos. A ação do vento sobre a superfície do mar é constante e produz diversos efeitos.

Quando o vento é constante e suficientemente intenso, como os ventos alísios, produz correntes oceânicas. Os ventos locais são os principais responsáveis pelas ondas. Estes ventos tendem a gerar processos de mistura na camada superficial, que, quando ocorrem numa zona de frente de massa de água, facilitam uma elevada produtividade primária. Por outro lado, a ação combinada dos ventos com a força de Coriolis produz o transporte de Ekman que, por sua vez, é responsável pelo afloramento costeiro que ocorre na parte oriental das bacias oceânicas.

As correntes superficiais oceânicas são os principais vectores de movimento das massas de todo o oceano, responsáveis pelo transporte de calor, distribuição de temperatura, salinidade, oxigénio e outros componentes químicos na superfície dos oceanos. Aqui não trataremos extensivamente o tema das correntes superficiais oceânicas porque o próximo capítulo tratará dele em pormenor.

7.2. As ondas do mar

As ondas são geradas pelo vento. No capítulo 3 já foi explicado como é que as ondas são geradas e que não existe um movimento real das partículas de água. O movimento das ondas e o movimento das partículas de água que as formam são diferentes. As ondas deslocam-se sobre a superfície a uma velocidade determinada pelo seu comprimento (ou período), enquanto as partículas de água se deslocam em círculos verticais. Cada círculo representa a órbita de uma única partícula de água na superfície do mar e o seu diâmetro é igual à altura da onda.

As partículas de água abaixo da superfície também se movem em círculos, mas o tamanho das partículas de água não é muito grande.

vento e correntes oceânicas. De acordo com alguns estudos científicos, 2% da energia

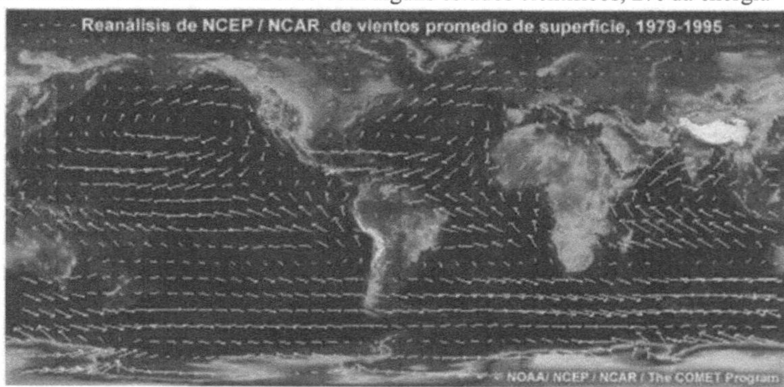

Figura 7.2. Circulação geral da atmosfera. Fonte: NCEP / NCAR

é convertida em energia cinética dos ventos. A figura 7.2 mostra os ventos médios ao nível da superfície, especialmente a sua ação sobre os oceanos.

Interação entre a camada superficial e os ventos. A superfície dos oceanos está em contacto permanente com a atmosfera, que se encontra frequentemente em movimento sob a forma de ventos. A ação do vento sobre a superfície do mar é constante e produz diversos efeitos.

Quando o vento é constante e suficientemente intenso, como os ventos alísios, produz correntes oceânicas. Os ventos locais são os principais responsáveis pelas ondas. Estes ventos geram normalmente processos de mistura na camada superficial, que, quando ocorrem numa zona de frente de massa de água, facilitam uma elevada produtividade primária. Por outro lado, a ação combinada dos ventos com a força de Coriolis produz o transporte de Ekman que, por sua vez, é responsável pelo afloramento costeiro que ocorre na parte oriental das bacias oceânicas.

As correntes superficiais oceânicas são os principais vectores de movimentação de massas no oceano, responsáveis pelo transporte de calor, distribuição de temperatura, salinidade, oxigénio e outros constituintes químicos à superfície dos oceanos. Não trataremos aqui extensivamente das correntes superficiais oceânicas porque o próximo capítulo tratará delas em pormenor.

7.2. As ondas do mar

As ondas são geradas pelo vento. No capítulo 3 já foi explicado como é que as ondas são geradas e que não existe um movimento real das partículas de água. O movimento das ondas e o movimento das partículas de água que as formam são diferentes. As ondas deslocam-se sobre a superfície a uma velocidade determinada pelo seu comprimento (ou período), enquanto as partículas de água se deslocam em círculos verticais. Cada círculo representa a órbita de uma única partícula de água sobre a superfície do mar e o seu diâmetro é igual à altura da onda.

As partículas de água abaixo da superfície também se movem em círculos, mas o tamanho das suas órbitas diminui exponencialmente com a profundidade. A uma

Se a profundidade for igual a metade do comprimento da onda, o tamanho das órbitas é apenas 1/23 do tamanho da superfície. Abaixo desta profundidade, o movimento é negligenciável.

As ondas avançam sempre mais depressa do que as partículas de água, devido à diferença de distância percorrida por período. Ou seja, se uma onda tiver 5 metros de altura e um comprimento de onda de 100 centenas de metros, num período essa onda avançaria 100 metros, enquanto uma partícula de água avançaria apenas 5 vezes o período ou cerca de 16 metros (a distância em torno da sua órbita).

Quanto mais longas e baixas forem as ondas, maior será a diferença de velocidade entre elas e as partículas de água. De facto, as órbitas das partículas de água não são verdadeiras circunferências. Quando a onda passa, as partículas de água avançam na crista um pouco mais do que quando recuam no seio, pelo que não regressam exatamente ao mesmo ponto. Há uma progressão lenta da água na direção do movimento da onda.

É maior nas ondas de forte inclinação do que nas ondas longas e baixas do mar de enchente. Para uma melhor compreensão, vamos dar as definições de alguns termos que descrevem as ondas:

- **Altura da onda (H):** A distância vertical entre o seno e a crista da onda (duas vezes a sua amplitude).
- **Comprimento de onda (L):** Distância horizontal entre duas cristas sucessivas.

- **Período da onda (T)**: Intervalo de tempo entre duas cristas consecutivas que passam por um ponto fixo. É o mais fácil de medir.
- **Velocidade da onda (C)**: Distância percorrida por segundo.

Por outro lado, podemos estabelecer dois tipos de ondas:

- **Ondas de vento**: são geradas por ventos locais e crescem pela ação das ondas. Caracterizam-se pela sua cúspide curta, íngreme e com cristas, pela sua irregularidade e por se desfazerem frequentemente em espuma branca.
- **Ondas de fundo ou de cames**: São ondas que se deslocam para fora da zona em que são geradas. À medida que se deslocam, perdem altura e decaem lentamente, tornando-se mais suaves, mais regulares, com maior comprimento de onda e cristas longas. Podem viajar milhares de quilómetros no oceano e manter a sua altura e potência.

Quando o vento deixa de atuar sobre as ondas, as ondas de vento deixam de crescer e transformam-se em ondas de câmara. Por outro lado, se as ondas de came altas se moverem antes de o vento começar a soprar, o crescimento das ondas de came pode ser maior do que se começarem num mar calmo.

Desenvolvimento e crescimento das ondas de vento. O desenvolvimento das ondas de vento depende da velocidade e duração do vento, bem como do estado inicial do mar e da extensão de água sobre a qual o vento sopra (fetch)*. Estes factores podem ser determinados através de mapas meteorológicos do oceano e o período e a altura das ondas resultantes podem ser determinados através de métodos gráficos.

No fetch, o vento apanha ondas de vários comprimentos, consoante a força das suas rajadas. Cada grupo de ondas move-se independentemente de qualquer outro grupo que possa estar presente. A interferência entre as ondas faz com que se desloquem a velocidades diferentes e, muitas vezes, em direcções diferentes, fazendo com que o mar pareça agitado e tempestuoso quando o vento sopra com muita força. À medida que o vento continua a soprar sobre as ondas, estas aumentam de altura e de velocidade (logo, de comprimento e de período). O vento actua sobre as ondas de duas maneiras: empurrando-as diretamente sobre a parte de trás e arrastando as partículas de água tangencialmente para a frente.

As ondas mais curtas, que se movem mais lentamente, recebem o maior impulso direto do vento e, por isso, crescem rapidamente em altura. No entanto, existe um crescimento crítico para além do qual as ondas não podem crescer. Quando a altura é 1/7 do seu comprimento, a onda torna-se instável e desfaz-se até ser destruída. Em tempo de tempestade, as ondas raramente atingem esta inclinação crítica. Quando a onda atinge uma altura de cerca de 1/10 do seu comprimento, o vento sopra normalmente sobre a crista e diminui a parte superior da mesma. À medida que as ondas mais pequenas se inclinam e quebram rapidamente, as ondas mais compridas tornam-se dominantes. As ondas maiores crescem lentamente, mas atingem maiores alturas antes de rebentarem. As ondas mais compridas movem-se aproximadamente à mesma velocidade que o vento e, por isso, recebem muito pouco impulso do vento e permanecem baixas durante muito tempo.

tempo. De acordo com uma regra simples, quando o vento sopra há várias horas, as ondas dominantes têm um período em segundos aproximadamente igual a 1/4 do gradiente da velocidade do vento em nós, e movem-se a cerca de 3/4 da velocidade do vento.

O arrastamento tangencial do vento sobre as partículas de água faz com que as ondas se movam mais rapidamente do que o próprio vento. Mesmo neste caso, as partículas de água movem-se muito mais lentamente do que o vento. Quando as ondas se movem durante um longo período de tempo sob o mesmo vento, a velocidade das ondas aumenta gradualmente até quase III vezes a velocidade do vento. Isto pode acontecer na região dos ventos alísios, onde estes sopram sobre grandes extensões do oceano, e também nas regiões de vento oeste do hemisfério sul.

Este não é o caso nos oceanos setentrionais, onde os ventos raramente sopram durante o tempo suficiente para permitir o desenvolvimento total das ondas. As ondas excedem a velocidade do vento mais frequentemente durante os ventos fracos, porque os ventos fortes são de curta duração. A altura média das ondas em todos os oceanos é de cerca de 1,2 metros. Ondas de 6 metros de altura são comuns nas zonas de vento oeste de ambos os hemisférios durante a época das tempestades. As ondas com altura superior a esta são raras. Para que existam ondas com mais de 12 metros de altura, é necessário que haja um vento muito forte numa "extensão" de 101500 quilómetros.

Cálculo das ondas: No mar, o período das ondas maiores pode ser calculado tomando o tempo de subidas sucessivas de manchas de espuma ou de objectos flutuantes. Para obter um valor fiável, deve tomar-se o tempo médio de dez elevações consecutivas; em seguida, repetir esta operação. O período pode ser facilmente obtido na praia, tomando o tempo entre rebentações, sabendo que o período é a caraterística que não se altera enquanto as ondas avançam em águas pouco profundas. Em águas profundas, existe uma estreita relação entre o período, a velocidade e o comprimento da onda. Se o período for expresso em segundos, as equações seguintes darão uma aproximação:

C (nós) = 3 T

C (pés/s) = 5 T

L (pés) = 5 T^2

Quando as ondas estão a mover-se em águas pouco profundas, menos de metade do comprimento de onda, a escala acima mencionada não tem valor, porque a velocidade e o comprimento das ondas começam a diminuir enquanto o período permanece constante. Apenas a seguinte equação seria válida neste caso:

$$C = \frac{L}{T} \ pies/s$$

Por vezes, certas regras de ouro são úteis. Uma delas relaciona o período das ondas com a velocidade do vento:

T (s) = 1/4 da velocidade do vento (nós).

Outro, indica que se o vento é forte, mas a "extensão" é limitada.

H (pés) = 1 1/2 (milhas náuticas).

Existem duas fórmulas empmca que relacionam a altura das maiores ondas com a velocidade do vento. Em ventos fortes:

Hmax (pés) = 0,8 velocidade do vento (nós).

Em qualquer vento:

[2]Hmax (pés) = 0,026 (velocidade do vento) (nós).

Ondas em cames: À medida que as ondas deixam a "extensão" e se espalham para zonas onde o vento é tão fraco que não as consegue sustentar, o seu período continua a aumentar, mas a sua altura diminui lentamente. As ondas Cam tornam-se mais

regulares e suaves. Existem duas formas de classificar as ondas: uma, de acordo com o seu comprimento. Como as ondas maiores se deslocam mais rapidamente, tendem a estar à frente das ondas mais pequenas. Este facto contribui para a sua suavidade e regularidade. Do mesmo modo, nas ondas de campo que se aproximam da costa, as que têm um período mais longo chegam primeiro, seguidas das que têm um período mais curto, embora provenham todas da mesma tempestade.

A outra é amortecer as ondas em função do seu comprimento. As ondas perdem altura devido à resistência do ar à medida que avançam. As ondas mais pequenas perdem a sua altura (até desaparecerem) mais rapidamente do que as maiores. Uma regra geral é que as ondas perdem 1/3 da sua altura numa distância em milhas igual ao seu comprimento em pés. Este processo contribui não só para a suavidade das ondas, mas também para o aumento gradual do comprimento, do período e da velocidade do conjunto do trem de ondas de came.

Um comboio de ondas em águas profundas move-se a cerca de metade da velocidade de uma onda individual. Isto é observado quando uma pedra é atirada para um lago. Num grande comboio de ondas, o comprimento, a velocidade e o período das ëstas não são constantes, mas aumentam rapidamente em direção à frente do comboio.

Não só a energia da onda, mas também a sua velocidade e período avançam com metade da velocidade das ondas nesses pontos. Isto exige que as ondas individuais que avançam no comboio apresentem um aumento lento e constante em comprimento, velocidade e período. É frequente haver vários comboios de ondas a moverem-se sobre a superfície do mar ao mesmo tempo, provenientes de tempestades diferentes ou de partes diferentes da mesma tempestade. A interferência entre si provoca a formação de grupos de ondas altas e grupos de ondas baixas. Se 2 comboios de ondas de came se deslocarem na mesma direção e tiverem comprimentos ligeiramente diferentes, o comprimento de onda resultante será uma média, mas as alturas serão aditivas. Também haverá ondas em que as cristas e os vales coincidem e as subidas e descidas da superfície são iguais à soma das alturas de dois comboios, provocando a formação de ondas grandes. Entre estas linhas, as cristas e os vales de dois comboios anulam-se parcialmente, desenvolvendo-se assim ondas baixas, inferiores às de cada comboio separadamente.

Outro exemplo é quando um vento de curta duração sopra sobre um mar longo e pouco nivelado. Apenas a ação curta é visível, mas será de uma altura lenta e variável. Estes tipos de interferência de ondas altas e baixas também se deslocam a metade da velocidade das ondas individuais.

Previsão da vaga de cames: dispondo de bons mapas meteorológicos do oceano, a altura e o período das vagas podem ser utilizados para determinar o momento da propagação. Os mesmos mapas mostrarão a distância, desde a extensão até à costa, a que a onda de câmara chegará e as condições de vento envolvidas. A altura, o período e a hora de chegada da onda podem ser previstos se se conhecerem as variações do fetch durante o seu trajeto. Embora possam surgir problemas devido à variabilidade do vento, a um fetch em movimento ou a ventos entre o fetch e a costa, existem previsões de mar de came muito satisfatórias. As suas relações são determinadas graficamente.

O tempo de percurso desde o fetch até à costa é calculado por meio de fórmulas. A velocidade do comboio de cames, igual a metade da velocidade da onda, é igual à distância percorrida dividida pelo tempo gasto:

$$1/2\,C\ (nudos) = \frac{distancia\ (millas\ n\acute{a}uticas)}{Tiempo\ recorrido\ (horas)}$$

$$Tiempo\ (horas) = \frac{distancia}{1/2\ C} = \frac{2}{3}\frac{distancia\ (m.n.)}{periodo\ (s)}$$

Exemplo:

Assumindo que a tempestade ocorre no Golfo do Alasca (a cerca de 2000 milhas náuticas de distância) e que o período do nível do mar que entra é de 13 segundos, temos:

$$Tiempo = \frac{2}{3} \frac{2000}{13} = 100 \; horas = 4 \; días$$

A mesma equação pode ser utilizada para inverter o processo e determinar a distância a que a tempestade se origina. Para tal, são necessárias duas observações separadas do período das ondas de came. Por exemplo, suponha que um mar de came suave e regular com um período de 18 segundos se move na primeira observação; 24 horas depois, o período do mar de came é de 16 segundos. Podemos assumir que o mar de cames de 18 segundos e de 16 segundos saíram da tempestade ao mesmo tempo, considerar o símbolo "t" para representar o tempo necessário para se deslocar através do mar de cames de 18 segundos e resolver a equação acima para a distância, utilizando os dados conhecidos de ambas as observações:

$$Distancia = \frac{3}{2} \times periodo \times tiempo \; de \; recorrido$$

$$= \frac{3}{2} \times 18 \; t = \frac{3}{2} \times 16(t + 24 \; horas)$$

Resolvendo a última igualdade para "t":

$$18 \, t = 16 \, t + 16 \times 24$$

$$t = 8 \times 24 \; horas = 8 \; días$$

Por conseguinte, o tempo necessário para o mar de 18 segundos foi de 8 dias e para o mar de 16 segundos foi de 9 dias. Dando um valor apropriado para "t" na equação para encontrar a distância, a distância até à tempestade seria de 5184 milhas náuticas.

7.3. Efeito nos organismos vivos

A diversidade dos componentes da flora e da fauna marinhas é enorme e a maior parte destes organismos vive na camada superficial ou depende dela direta ou indiretamente.

Os microrganismos mais influenciados pelo seu tamanho são o fito e o zooplâncton, que são impelidos pela turbulência produzida pelo vento, uma vez que têm pouca ou nenhuma capacidade de natação. A sua abundância depende da presença ou ausência de nutrientes como os fosfatos, nitratos, nitritos e silicatos, que são produtos da decomposição da matéria orgânica que se encontra no fundo do mar. Devido à ação combinada do vento e da força de Coriolis, sobretudo nas vertentes orientais das bacias oceânicas, geram-se movimentos verticais ascendentes (designados por upwelling ou afloramento) que deslocam massas de água do fundo oceânico para o fundo marinho.

O fundo do mar chega à superfície, trazendo consigo estas substâncias vitais para o fitoplâncton, o primeiro elo da cadeia trófica marinha.

A distribuição do plâncton marinho condiciona, por sua vez, a distribuição de outros organismos de níveis tróficos superiores. Cada organismo desloca-se para onde se encontra o seu alimento. Por conseguinte, as zonas com maior abundância de vida marinha são aquelas que se caracterizam pelas condições que permitem a existência desta abundância de nutrientes.

Outro fator que condiciona a distribuição dos organismos vivos é o clima. Como já vimos em capítulos anteriores, existe uma forte interação entre a atmosfera e o oceano. As condições climáticas influenciam a distribuição dos oceanos e vice-versa, condicionando assim a presença ou ausência de determinados organismos. Para a pesca, este facto é muito importante porque aumenta a probabilidade de sucesso na captura dos recursos haliêuticos.

A título de exemplo, o Peru, apesar de estar situado numa zona tropical, mas devido à corrente peruana, que faz parte da célula do Pacífico Sul impulsionada pelo sistema de correntes atmosféricas, transporta águas provenientes dos subtrópicos para muito perto do subantárctico, que se caracteriza pelas suas águas frias. Este regime torna a costa peruana árida e fria. Os ventos alísios predominantes em conjunto com a força de Coriolis produzem a ressurgência costeira que transfere nutrientes do fundo pouco profundo da plataforma continental. Nesta zona predominam grandes cardumes de peixes pelágicos de águas relativamente frias, como a anchova e a sardinha.

É também importante para a maricultura, pois permite determinar se uma determinada área cumpre os requisitos para o cultivo de qualquer recurso haliêutico, mesmo que seja demersal, ou seja, que viva no fundo, uma vez que continua a depender da interação com a atmosfera, pois estes fundos não podem ser muito profundos por razões técnicas e devido aos elevados custos envolvidos no cultivo a profundidades de 40 metros ou mais.

CAPÍTULO VIII

A CIRCULAÇÃO GERAL DE SUPERFÍCIE DOS OCEANOS

O ocëano é uma enorme massa de água em constante movimento, seguindo padrões de circulação determinados por uma série de factores, mas a sua principal força motriz são os ventos. Isto é verdade especialmente para a camada superficial. Como já foi mencionado em capítulos anteriores, os padrões de circulação do vento e do oceano são muito semelhantes.

Ambas as massas, ar e água, determinam as condições climáticas do nosso planeta e, consequentemente, da atividade humana. O conhecimento das causas que determinam os padrões de movimento destas massas é de importância crucial para a existência da civilização humana. De facto, a linha de desenvolvimento está fortemente dependente do ambiente em que se desenvolve. As forças naturais são incontroláveis pelo homem, e não temos nem a ciência nem a tecnologia para aspirar a ter qualquer controlo sobre elas. O nosso interesse está sobretudo centrado em saber como funcionam, quais as variáveis envolvidas, etc., e para isso estão a ser investidos muito dinheiro e recursos, especialmente pelos países desenvolvidos. Fenómenos de grande magnitude como o El Nino são pouco conhecidos, pelo que, como espécie, estamos na defensiva, procurando prever o seu comportamento para mitigar os seus efeitos negativos.

Ter um conhecimento claro das características dos movimentos das massas de água superficiais dos oceanos é importante para o engenheiro de pescas porque, desta forma, podemos prever, para uma determinada área, onde encontraremos as condições ou habitats mais favoráveis para uma determinada espécie ou grupo de espécies hidrobiológicas que estamos interessados em pescar ou capturar para benefício do homem.

Neste capítulo, começaremos por descrever brevemente a circulação global dos Ocëanos, com os seus principais giros de circulação. Em seguida, focaremos mais detalhadamente a circulação do Oceano Pacífico em ambos os hemisférios, com especial ênfase no Mar do Peru. Naturalmente, nas diferentes correntes mencionadas estaremos sempre a referir-nos às que se encontram na camada superficial do Ocëano. A importância da circulação das águas subsuperficiais no clima global é reconhecida, embora o afecte indiretamente, mas não será aqui abordada.

8.1. Circulação geral dos oceanos

As correntes oceânicas superficiais são os principais vectores de movimento capazes de transportar grandes massas de água de uma região para outra, tais movimentos são produzidos por várias causas, das quais temos principalmente a ação do vento, influenciando-o também a rotação da terra e a interferência dos continentes, a sua magnitude depende da força do vento, e a sua velocidade é pequena comparada com as do vento.

Em termos de direção, são designados como a direção em que sopram, em contraste com os ventos, que são designados como a direção em que sopram. A circulação oceânica de superfície é o resultado de vários processos, especialmente a força do vento que actua na superfície da água e as diferenças de densidade. A circulação é muito semelhante às principais cinturas de vento na Terra. As principais causas das correntes oceânicas seriam:

- Ventos permanentes que sopram sobre a superfície da água (que produzem fricção e arrastamento das moléculas de água oceânica à superfície).
- A influência da disposição dos continentes e das linhas costeiras.

Como se pode ver na figura em anexo, em todos os oceanos, a circulação geral faz-se em células fechadas. No hemisfério sul haverá uma célula nos oceanos Pacífico, Atlântico e Índico que rodam no sentido contrário ao dos ponteiros do relógio. Por outro lado, no hemisfério norte, no Oceano Pacífico existem duas células fechadas, a principal no sentido dos ponteiros do relógio e a outra, mais a norte, no sentido contrário ao dos ponteiros do relógio; no Oceano Atlântico existe uma célula fechada e uma célula aberta e no Oceano Índico a corrente é irregular e não forma uma célula fechada devido à variação sazonal das monções.

FIGURA 8.1. Fonte:  **www.marviva.org/articulos/regatasmundo2.htm**

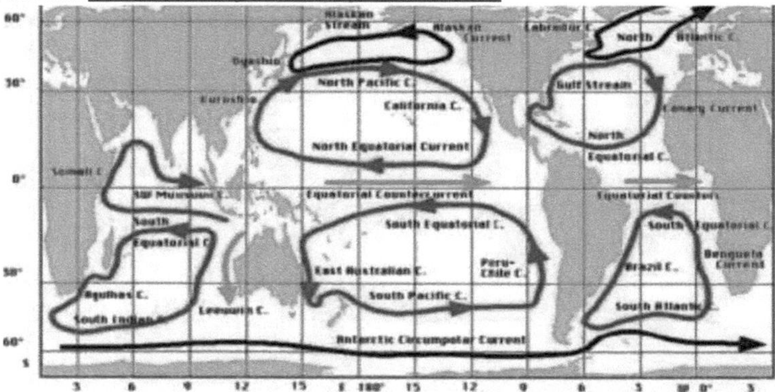

Apesar das diferentes formas dos oceanos Atlântico, Índico e Pacífico, estes têm estruturas de correntes de superfície semelhantes, dominadas por uma circulação (ou giro) de amplitude oceânica, sendo as correntes muito mais fortes nas regiões estreitas junto às fronteiras ocidentais.

A Corrente do Golfo no Atlântico Norte e a Corrente de Kuro-Shivo no Pacífico são as mais conhecidas; a corrente correspondente no Oceano Índico, a Corrente da Somália, é complicada pela variação sazonal da monção. Perto do equador, em todos os oceanos, existem duas correntes orientadas para oeste; nos oceanos Pacífico, Índico e parte do Atlântico, estão separadas por uma contracorrente equatorial orientada para leste.

No Oceano Antártico não existe uma barreira continental contínua (embora a estreita Passagem de Drake possa causar um efeito semelhante) e a principal corrente de superfície flui em círculo à volta da Terra na Corrente Circumpolar Antárctica, em direção a leste.

Os mapas publicados das correntes oceânicas de superfície baseiam-se em situações médias: num caso particular, a corrente pode ser muito diferente, especialmente em correntes como a Corrente do Golfo, com meandros complicados e declives anulares. As grandes correntes de superfície variam com o vento e o tempo, mas podem ser consideradas semi-permanentes.

O oceanógrafo Munk propõe uma explicação geral para a formação das correntes, com base na consideração de um oceano teórico. Se considerarmos 3 casos típicos de complexidade crescente, podemos ver o seguinte.

Situação 1: Trata-se de um océano retangular, cujo eixo principal é N-S, com fronteiras continentais a W e E. O océano está a rodar e ventos zonais uniformes de W sopram sobre ël com uma direção e intensidade constantes.

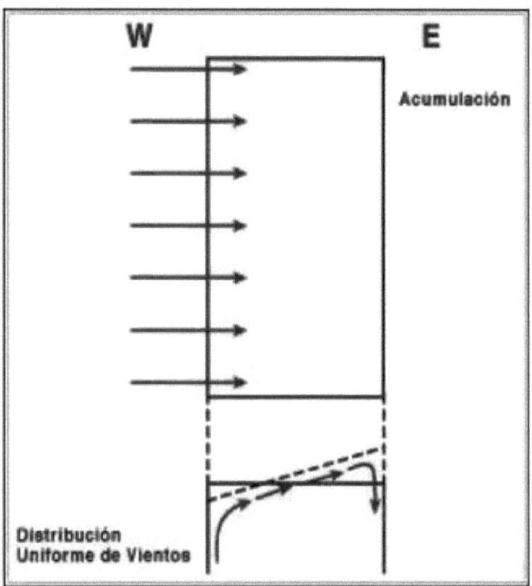

Neste sistema há uma tendência para a água se acumular no lado leste do oceano, com uma inclinação uniformemente equilibrada devido ao constante impulso do vento.

No plano vertical, estabelece-se uma circulação com convergência no lado leste e afundamento da água até uma profundidade que é função da força do vento e da distribuição vertical das densidades.

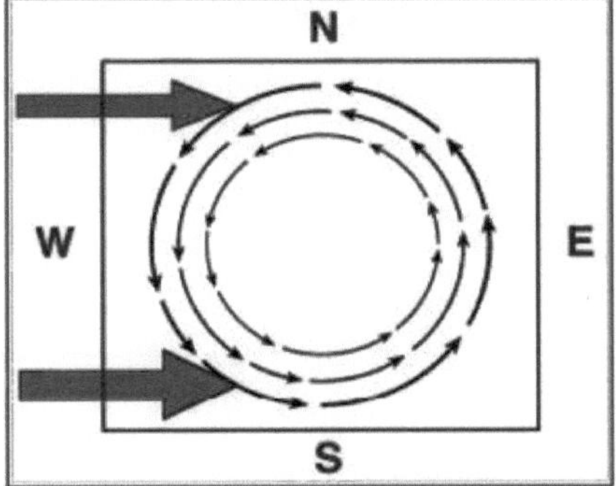

Situação 2: Se neste mesmo oceano, os ventos tiverem uma direção constante, como no caso anterior, mas houver uma variação de intensidade com a latitude, haverá assimetria das forças de arrasto devidas ao vento.

Neste caso, o declive será mais acentuado a sul do que a norte, gerando assim um movimento horizontal a leste, transportando a água da zona de ventos fortes para a zona de ventos fracos.

a leste, um movimento horizontal que transporta a água da zona de ventos fortes para a zona de ventos fracos. Devido à existência de limites continentais e à continuidade dos ventos, o movimento será rotacional.

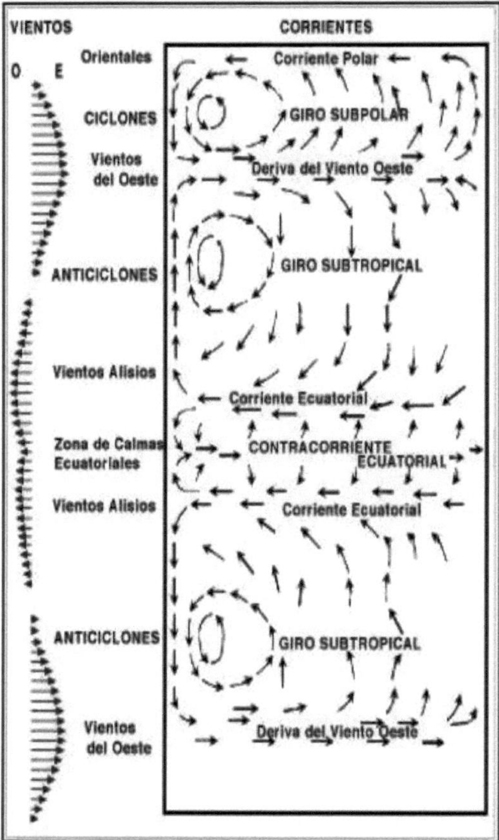

Hipótese 3: Se os ventos não latitudinais de intensidade, mas também de direção, forem gerados sob a influência destas diferentes forças, e na presença dos limites leste e oeste dos oceanos, uma circulação ativa de células só terá variações.

horizontal com movimentos rotativos (voltas), neste caso muito próximos da realidade.

É apresentado um diagrama da circulação num oceano idealizado sujeito apenas à ação dos ventos.

Em conclusão: Desta forma, os ventos alísios e os ventos de oeste determinam em cada hemisfério a circulação das águas superficiais do oceano.

Cada um dos circuitos tem um ramo equatorial na direção

E-W, e um ramo subpolar que vai de W a E; os dois estão ligados por circulações com uma componente meridional mais ou menos paralela aos continentes.

Entre as duas correntes equatoriais (separadas por uma zona de calmaria), forma-se uma contracorrente equatorial de sentido inverso (com uma inclinação de 4 cm por 1000 km). É uma corrente de retorno que transporta através desta zona calma uma parte da água acumulada no lado oeste pelos ventos alísios. Uma parte mais importante desta água é retirada pelo ramo meridiano oeste da circulação do giro.

No Hemisfério Norte, entre os ventos W e a circulação polar estabelecida pelos ventos N e NE relacionados com o anticiclone polar, surge uma circulação ciclónica sub-polar.

Devido à rotação da Terra para E e também à variação da intensidade do efeito de Coriolis com a latitude, o centro dos giros é deslocado para o lado oeste e as correntes são mais fortes no lado oeste dos oceanos do que no lado leste. Assim, em cada giro existe uma corrente forte persistente no lado oeste e uma corrente de compensação no sector central e oriental.

Isto pode ser reconhecido nos oceanos; por exemplo, a forte corrente do Golfo no Atlântico Norte; a corrente de Kuro Shivo no Pacífico Norte (10 km/hora), enquanto a corrente da Califórnia se move a uma velocidade inferior a 2 km/hora. No Atlântico Sul, a Corrente do Brasil, a Corrente das Agulhas no Oceano Índico e a Corrente da Austrália Oriental no Pacífico Sul.

8.2. O Oceano Pacífico e a sua circulação geral

O Oceano Pacífico é o maior dos oceanos do mundo, tanto em termos de extensão como de profundidade. Cobre mais de um terço da superfície da Terra e contém mais de metade do seu volume de água. É frequentemente dividido artificialmente ao longo do equador: Pacífico Norte e Pacífico Sul. Foi descoberto em 1513 pelo espanhol Vasco Nunez de Balboa, que lhe chamou Mar do Sul. O nome atual foi dado pelo navegador português Fernão de Magalhães em 1520, durante a primeira viagem à volta do mundo ao serviço da Coroa espanhola.

Limites e dimensão. O Oceano Pacífico é limitado a leste pela massa terrestre da América do Norte, Central e do Sul; a norte pelo Estreito de Bering; a oeste pela Ásia e Austrália; e a sul pela Antárctida. A sudeste, é arbitrariamente dividido do Oceano Atlântico pela Passagem de Drake a 68° W. A sudoeste, a linha divisória que o separa do Oceano Índico ainda não foi oficialmente estabelecida. Para além dos mares fronteiriços que se estendem ao longo da sua borda ocidental irregular, o Oceano Pacífico tem uma área de cerca de

165 milhões de km2, ou seja, mais do que toda a superfície continental. Tem um comprimento máximo de 15.500 km desde o Estreito de Bering até ao Antártico, e um comprimento máximo de 15.500 km desde o Estreito de Bering até ao Antártico.

A sua largura máxima é de cerca de 17 700 km, desde o Panamá até à Península Malaia. A sua profundidade média é de 4.282 m, embora a profundidade máxima conhecida seja de 11.034 m na Fossa das Marianas, ao largo de Guam.

Os principais mares do Pacífico. Os principais mares do Pacífico apresentam grandes diferenças em termos de extensão, profundidade e topografia, o que provoca variações na circulação profunda.

Dados sobre os principais mares do Ocëano Patifico

Nome dos mares	Área em milhares de km^2	Profundidade máxima em m	Algumas características
Mar de Bering	2292	4773	A parte norte pouco profunda
Mar de Okhotsk	1580	3846	Profundidade média > 1000 m
Mar do Japão		4246	Profundidade média 1752 m
Mar Amarelo	417	106	Profundidade média: 40 m
Mar da China Oriental	752	2717	Mar pouco profundo, exceto na

			zona das ilhas Riukiu.
Mar do Sul da China		5420	Profundidades predominantes até 200 m
Mar de Zulu	348	5119	
Mar das Celebes	435	6220	
Banda do mar	1227	7360	
Mar de Java			Mar raso.
Mar de Coral	4791	9148	
Mar da Tasmânia		5943	
Golfo do Alasca		3000	
Golfo da Califórnia	117	3127	

Correntes gerais do Oceano Pacífico. A circulação oceânica geral das águas do mapa de superfície do Pacífico desenvolve-se em grande escala, transporta enormes volumes de água e cobre grandes áreas do espaço geográfico representado pela hidrosfera.

Esta circulação baseia-se (1) na ação dos ventos e (2) nas perturbações que ocorrem na distribuição das densidades. Os ventos fornecem a maior parte da energia externa para a gënesis e manutenção do movimento de transferência de água. O gradiente de densidade é, por sua vez, o principal contribuinte de força interna para a circulação. Mas deve ser lembrado que uma corrente oceânica não é o produto de um único fator externo, mas sim o resultado da ação combinada de muitos factores, todos eles variáveis no tempo e no espaço.

O modelo da corrente do Pacífico Norte consiste num movimento, ou sistema circular de dois vórtices (ver Figura 8.1). No hemisfério norte, o giro subártico é anti-horário, englobando o fluxo subsidiário para oeste da Corrente do Alasca e o fluxo para leste da Corrente Subárctica. No entanto, a massa de água do Pacífico Norte é dominada por uma célula central norte que flui no sentido dos ponteiros do relógio e inclui a Corrente do Pacífico Norte, que flui para leste, a Corrente da Califórnia, que flui para sudeste, e a Corrente de Kuro-Shivo, ou Corrente do Japão, que se desloca para norte até atingir a costa do Japão. A Corrente da Califórnia é fria, larga e de movimento lento, enquanto a Corrente de Kuro-Shivo é quente, estreita, rápida e semelhante à Corrente do Golfo. Perto do equador, a 5° de latitude norte, o fluxo para leste da contracorrente equatorial separa os sistemas de correntes do Pacífico Norte e do Pacífico Sul, embora transporte a maior parte das suas águas para a corrente equatorial norte. O Pafic sul é dominado pelo movimento anti-horário da cëlula centro-sul, que compreende a corrente equatorial sul que se move para leste e sul, a corrente do Pafic sul que se move para oeste e a corrente de Humboldt que se move para norte numa direção paralela à América do Sul. No extremo sul está localizada a Corrente Circumpolar Antárctica, ou deriva do vento oeste, a mais importante fonte de circulação oceânica profunda que circunda a Terra e reúne as águas dos oceanos Pacífico, Atlântico e Índico. Esta é a fonte da grande e fria Corrente do Peru, que gira para norte ao longo da costa da América do Sul e distribui as suas águas pela Corrente Equatorial Sul.

A zona do Oceano Pacífico Tropical. A zona do Pacífico Tropical contém o sistema de correntes equatoriais transoceânicas e também parte das correntes periféricas que fluem em direção ao equador no lado oriental deste ocëano, entre o Cabo das Correntes (México) e o Equador desenvolve-se uma circulação mais complicada, uma vez que os movimentos anticiclónicos das águas de ambos os hemisférios não se estendem a esta parte do Pacífico

Oriental.

As características das águas superficiais do Pacífico Tropical são tipicamente tropicais, exceto ao largo da costa ocidental da América do Sul, onde existem águas temperadas, devido à ressurgência costeira que traz à superfície águas mais frias de profundidades intermédias e à contribuição de outras latitudes feita pela Corrente Costeira do Peru.

Zonas de ventos e correntes. O equador divide o Oceano Pacífico em duas partes de forma e volume desiguais:

* O Patifico do Norte, localizado a norte do equador; e
* O Patifico Meridional, a sul do equador até à Convergência Antárctica.

Em cada parte existem condições específicas que afectam a circulação oceânica.

* A zona dos ventos polares de leste.
* A zona de ventos de oeste, zona temperada.
* A zona de comércio.
* A zona das correntes de oeste equatoriais, ou calmarias.

As principais correntes de superfície do Oceano Pacífico fluem de acordo com a direção em que sopram os ventos. Assim:

1. Na zona dos ventos polares de leste, há correntes que fluem de este para oeste.
2. Na zona dos ventos de oeste de cada hemisfério: desenvolve-se a grande deriva das águas para leste. Este movimento atinge velocidades de uma milha náutica por hora e consegue atravessar todo o Pacífico na direção latitudinal.
3. Na zona dos ventos alísios de cada hemisfério: há as correntes marginais que fluem em direção ao equador e as correntes equatoriais que fluem para oeste,
4. Na zona das calmas, existe a contracorrente equatorial norte

No entanto, convém referir que as correntes não seguem trajectórias rectas, mas sim em tambores fechados, por vezes -cum soleml, por vezes -contra soleml. Ao fluírem dentro de um círculo fechado, formam sistemas. Assim, as principais correntes de superfície mantidas pelos ventos dominantes constituem dois sistemas diferentes:

* O sistema de correntes equatoriais e
* O sistema de correntes polares em cada hemisfério.

Os dois sistemas estão ligados por correntes oceânicas que pertencem a ambos os sistemas.

Sistemas de correntes no Oceano Pacífico. As correntes de superfície fluem na parte superior do oceano, entre 0 e 100 a 200 m aproximadamente. Provocadas por mudanças na pressão atmosférica, ventos, ondas e marés, podemos distinguir:

* Correntes superficiais causadas por alterações da pressão atmosférica.
* Correntes de superfície produzidas e mantidas pelo vento,
* Correntes superficiais causadas por ondas.
* Cursos de maré com caudal periódico e
* Correntes de inércia.

Quando produzidas pelo vento, as correntes reduzem a sua velocidade com a profundidade, sofrendo também a influência da profundidade a que se encontra a camada imóvel na sua direção e velocidade. Por último, é importante ter em conta que as correntes de superfície são influenciadas pela água de outros oceanos e mares nas zonas de contacto e nas fronteiras. A grande zona de contacto entre o Oceano Pacífico e o Oceano Índico, por um lado, e entre o Oceano Pacífico e o Oceano Antártico, por outro, é de particular importância.

O Sistema de Correntes Equatoriais. - As mais conhecidas causadas por plantas são: A Corrente Equatorial Norte e a Corrente Surecutorial que fluem para oeste, além da

Contracorrente Equatorial Norte que flui para leste.

As correntes de superfície que fluem para oeste são separadas umas das outras pela Contracorrente Equatorial Norte, que corre de oeste para leste, tendo um fluxo mais dëbilitante do que aquelas, a sua velocidade máxima e o seu volume e extensão variam com as mudanças nos regimes de vento.

O Giro do Pacífico Norte e os seus componentes incluem as seguintes correntes: a Corrente Equatorial Norte, a Corrente de Kuroshio, a Corrente do Pacífico Norte e a Corrente da Califórnia.

O giro ciclónico do hemisfério norte é constituído pela corrente do Alasca, que depois vira para oeste e passa perto das ilhas Aleutas, onde se chama corrente das Aleutas, flui de leste para oeste e atinge parcialmente a península de Kamchatka. Esta água junta-se às águas que se deslocam para sul, dando origem à Corrente de Oyashio, que move as suas águas de norte para sul até se encontrar com a Corrente de Kuroshio ao largo do Japão. Parte da sua água fria afunda-se a cerca de 35° de latitude norte e continua a fluir para sul, mas como corrente de fundo. Outra parte vira para leste e atravessa o oceano juntamente com as águas mais quentes do Kuroshio, sendo designada por Corrente do Pacífico Norte. Esta corrente fecha o giro ciclónico das águas na parte norte do oceano.

A *Corrente do Pacífico Norte* é impulsionada por ventos de oeste. É muito menos desenvolvida do que a corrente do Pacífico Sul, embora desempenhe um papel importante nos dois giros do Pacífico Norte.

A *Corrente do Alasca* é o ramo norte da Corrente do Pacífico Norte.

A *corrente das Aleutas* flui para oeste como continuação da corrente do Alasca; tem vários ramos entre as ilhas do arquipélago do Alasca que marcam o seu curso. Parte das suas águas atravessa o Estreito de Bering e entra no Ártico.

A *Corrente de Oyashio* corre ao longo da costa da Sibéria Oriental e das Ilhas Curile para sudoeste, transportando água fria com gelo. No ponto de encontro com a corrente quente de Kurosthian, as suas águas viram para sul e depois transformam-se na água fria da corrente de Kurosthian,

para leste. Parte desta água funde-se com a corrente de Kuroshio e outra parte com a corrente das Aleutas. A partir do ponto em que ocorre a mudança de orientação para leste e as águas da corrente de Kuroshio se encontram, as águas que se deslocam horizontalmente para leste formam a grande deriva do Pacífico Norte. Fecha-se assim o circuito das águas desta grande região do Pacífico Norte.

No Pacífico Sul, existe um giro anticiclónico e um giro ciclónico das águas superficiais. O giro anticiclónico do Pacífico Sul situa-se entre a zona calma e a zona subtropical. É composto pela Corrente da Austrália Oriental, a Corrente do Pacífico Sul e a Corrente do Peru, que desemboca na Corrente Equatorial Sul.

O giro ciclónico concentra-se na zona polar antárctica e em parte da zona subantárctica e pertence, portanto, ao Oceano Antártico. Os seus componentes são aqui mencionados para completar o quadro geral das principais circulações nesta parte do espaço geográfico. São elas a Corrente Circumpolar Antárctica que se desloca para leste em torno do continente antártico e a Corrente Antárctica que flui de leste para oeste junto à costa do continente branco.

A temperatura e a salinidade das águas superficiais nas correntes do Padfic. As temperaturas e salinidades da camada superficial do Ocëano Patifico por correntes, para os meses de fevereiro, março (II-III) e agosto, setembro (VIII-IX), de acordo com Bruns 1958.

Nome das correntes	Meses	Temperatura	Salinidade ^
Corrente do Alasca	II - III VIII - IX	+ 2 a +3 +13 a+10	32-33
Corrente de Oyashio	II - III VIII - IX	+1 a 0 +7 a +10	31-33
Corrente Norte do Patifico	II - III VIII - IX	+10 a+20 +26 a+13	35-33
Corrente da Califórnia.	II - III VIII - IX	+10 a+15 +10 a+20	32.5-34
Corrente Norte Equatorial	II - III VIII - IX	+18 a+27 +25 a +28	34-35.5
Corrente de Kuroshio	II - III VIII - IX	+17 a+10 +28 a +20	34.5 - 33
Contracorrente Equatorial Norte	II - III VIII - IX	+28 a +25 +28 a +26	34 - 34.5
Patifico do Sul			
Corrente Surecuatorial	II - III VIII - IX	+24 a +28 +20 a +28	35-36
Corrente da Austrália Oriental	II - III VIII - IX	+26 a+15 +20 a+10	35-35.5
Corrente do Pacífico Sul	II - III VIII - IX	+5 a +15 +1 a +10	33.6-35
Peru Atual	II - III VIII - IX	+20 a +25 +17 a+20	34-9-35.5
Corrente Circumpolar Antárctica	II - III VIII - IX	-2 a +2	35.5

Classificação das correntes Patifico

A circulação transoceânica subdivide-se em circulação equatorial, circulação temperada e circulação polar; e circulação marginal ou perifítica. A circulação equatorial é constituída por correntes zonais, das quais duas fluem para oeste, nomeadamente a corrente Surecuatorial e a corrente Norte Equatorial, e uma contracorrente Norte Equatorial move-se para leste.

As duas primeiras são correntes largas e resultam da ação dos ventos alísios, enquanto a Contracorrente Equatorial Norte é concebida como um fluxo compensatório proveniente de uma maior acumulação de água no lado ocidental do Octiane.

A circulação marginal desenvolve-se na região adjacente às costas dos continentes, tendo como elementos representativos as correntes costeiras ou periféricas que, em geral, têm o seu fluxo paralelo à costa ou ligeiramente desviado.

As correntes marginais existem tanto no lado ocidental como no lado oriental do Pacífico (também no Atlântico e no Índico), fluindo longitudinalmente, geralmente ao longo da costa ocidental e em direção ao equador, ao largo da costa oriental dos continentes. Mas também existem correntes marginais e contracorrentes que fluem num círculo fechado e em direção oposta, o que introduz algumas complicações no quadro geral da circulação.

As causas das correntes marginais são: os ventos, as ondas e a ressaca. Algumas correntes periféricas são muito importantes, como é o caso, por exemplo, da corrente costeira do Peru, que mantém o seu fluxo sob o impulso do vento alísio de SE, e da corrente da Califórnia, ao largo da costa ocidental da América do Norte, que tem o vento alísio de NE como fonte da sua força motriz.

No lado ocidental do Pacífico há uma maior concentração do fluxo de correntes. AШ é a Corrente de Kuroshio, que flui para norte, e a Corrente da Austrália Oriental, que flui para sul. No lado oriental do Pacífico, as correntes marginais não têm uma concentração de fluxo igual à do lado ocidental. Estas correntes são geralmente largas e transportam grandes volumes de água, mas são relativamente lentas.

Todas as correntes marginais no lado oriental do Pacífico (e do Atlântico) fluem ao longo do lado oriental do grande giro subtropical de águas na respectiva região. No Hemisfério Sul, as maiores correntes marginais de superfície, espacialmente extensas, no lado oriental do Oceano, fluem em direção ao equador, movendo as suas águas de latitudes mais altas para latitudes mais baixas, e podem atingir larguras de quase 1000 km.

Todas as correntes da margem oriental são relativamente lentas, com velocidades médias inferiores a um nó. Todas estas correntes são pouco profundas. A sua profundidade é inferior a 500 m. [3]O seu transporte é da ordem dos 15 x 106 m /s. Todas estas características têm um efeito na dinâmica das águas da região equatorial e são, desde há muito, um dos temas mais interessantes da oceanografia dinâmica.

Sistema de correntes equatoriais

A Corrente Equatorial Norte. Os ventos alísios de NE fazem fluir para oeste as águas da Corrente Equatorial Norte, que representa a parte essencial da circulação das águas quentes do Pacífico Norte. É uma corrente zonal, pertencente ao sistema de correntes equatoriais. As suas águas atravessam todo o Pacífico de leste para oeste, com velocidade crescente na mesma direção. A norte da ilha de Mindanau, uma parte das suas águas vira para sul e flui nessa direção durante todo o ano, alimentando a contra-corrente equatorial norte. Outra parte flui para norte e contribui para a formação da corrente de Kuroshio.

Entre as latitudes de 10°N e 20°N, oscila no espaço com as estações do ano. Depois de atravessar o Océano, bifurca-se e os seus principais ramos estendem-se para sul e para norte.

Dimensões: A largura média da corrente é de cerca de 650 milhas náuticas. A largura total da corrente varia ao longo dos diferentes comprimentos.

Estrutura: A camada superficial, entre a superfície e a termoclina, tem uma espessura de 50150 m. temperatura de 24-30°C e salinidade inferior a 34,4%; a camada de descontinuidade, que se estende até à isotérmica de 10°C aproximadamente e está mais próxima da superfície na margem sul da corrente do que na margem norte; a camada inferior, com uma temperatura inferior a 10°C, por vezes chamada "camada livre", tem uma salinidade inferior a 34,6%.

Velocidade: 0,3 nós quase constante durante todo o ano.

Direção: Corre de leste para oeste, mas muda a sua direção geral na extremidade ocidental, devido à presença de numerosas ilhas no seu trajeto e à ação das monções que sopram em direcções quase opostas em estações sucessivas.

[3]*Transporte* - A corrente Norte Equatorial desloca-se entre 30 a 45 milhões de m /s, volume segundo alguns autores.

Características: Modificada de leste para oeste pela mistura com outras águas, a camada superficial da corrente é de salinidade relativamente baixa. Esta propriedade tem um máximo na parte superior da camada de descontinuidade térmica. A elevada salinidade tem origem na água subtropical do Pacífico Norte.

A baixa salinidade da camada superior é geralmente encontrada no lado sul da corrente. A salinidade mais baixa (> 34.0%) encontrada na camada inferior é atribuída à água intermédia do Pacífico Norte. As salinidades um pouco superiores a 35,2% encontram-se na parte ocidental desta corrente e são atribuídas à entrada de água subtropical do Pacífico Norte. A temperatura da água deste curso de água é de 26° a 27°C na parte oriental e de 28-29°C na parte ocidental.

Papel e importância: É a principal ligação entre as vertentes oriental e ocidental do Pacífico Equatorial. Contribui largamente para a mistura entre as águas que recebe da Corrente da Califórnia e as outras águas da região central do Pacífico Norte. Esta mistura inclui também as águas das contracorrentes equatoriais.

A Corrente Sub-equatorial. Os ventos e as correntes zonais de superfície não estão distribuídos simetricamente em ambos os lados do equador, uma vez que são os ventos alísios de SE que prevalecem no equador. Por este facto, as águas superficiais equatoriais fluem para oeste em ambos os lados do equador como a "corrente equatorial meridional".

Origem: Forma-se na região do Pacífico Oriental.

Posição: Encontra-se a norte do anticiclone subtropical do Pacífico Sul, onde flui permanentemente para oeste sob o impulso do vento alísio SE. Está presente em ambos os lados do equador.

Limites: O limite norte é formado pela contracorrente equatorial norte e situa-se normalmente entre as latitudes 3°N e 4°N. O seu limite sul é muito variável nas diferentes longitudes, modificando a sua posição com as estações do ano.

Dimensões: É mais desenvolvida até setembro, a sua força diminui em outubro, de novembro a fevereiro alarga-se e flui entre 1°N e 4°N.

Estabilidade: Não estabelecida, uma vez que depende da intensidade variável dos ventos alísios de sudeste no Pacífico oriental e do regime das monções no Pacífico ocidental.

Velocidade - O caudal é mais forte de junho a agosto, quando atinge uma velocidade de 100 cm/s.

Direção: O fluxo para oeste perde a sua intensidade e muda frequentemente de direção.

Têm temperaturas relativamente baixas no lado oriental devido ao efeito das águas da Corrente do Peru e da ressurgência local na zona das Galápagos. A temperatura e a salinidade das águas aumentam em direção a oeste.

Papel e importância: A Corrente Equatorial desloca grandes volumes de água na região equatorial e contribui assim para a extensão para oeste dos efeitos favoráveis de afloramento das águas de afloramento do Peru e das Galápagos.

Sistemas de correntes no Pacífico Norte

Mostraram que no Pacífico Norte existem vários sistemas de correntes, ligados entre si.

- O sistema da Corrente Kurostium.
- A deriva das águas do Patífico do Norte
- O sistema de correntes da Califórnia
- Correntes oceânicas na região subárctica do Pacífico e no Oceano Pacífico.
- Correntes no Estado de Bering.

O sistema de correntes Kuroshio. No lado ocidental do Pacífico Norte existe um complexo sistema de correntes constituído por vários canais, redemoinhos e contracorrentes; atravessa diferentes mares ao largo da Ásia e tem como tronco o Kuroshio, uma das maiores correntes oceânicas quentes do mundo, conhecida há séculos pelos pescadores e marinheiros da região.

Antecedentes. Este curso de água apareceu pela primeira vez numa carta geográfica no século

XVII. Berghaus (1837) chamou-lhe -Corrente do Japão‖ em vez de Kurosdo, mas esta mudança de nome não foi bem sucedida. A investigação científica desta corrente oceânica começou em 1893, quando se deixaram cair frascos na água para observar a direção e a velocidade do fluxo da água. Atualmente, considera-se que o Kurosdo e o seu hidroclima desempenham no Pacífico Norte o mesmo papel que a Corrente do Golfo desempenha no Atlântico Norte.

Descrição. A Kurioshio é uma corrente marginal bem definida, com um fluxo forte e concentrado, que tem a forma de uma banda e desloca as águas quentes tropicais de Formosa para o extremo norte da região subtropical, passando a alguma distância da costa sudeste do Japão. É normalmente acompanhada por fortes gradientes horizontais de temperatura que indicam a presença de frentes oceânicas.

Origem. Porque nasce na região situada a sudeste da ilha Formosa e a leste de Luzon, recebendo as águas desta corrente.

Posição. A Corrente de Kuroshio flui para norte, praticamente na fronteira com as ilhas japonesas.

Largura. A corrente de Kurioshio tem dimensões variáveis. No verão, pode atingir uma largura de cerca de 300 milhas náuticas. No inverno, quando um ramo da Kurioshio passa pelo Estreito de Luzon e entra no Mar da China Meridional, onde se subdivide por sua vez.

Velocidade. A velocidade é de 1 a 3 nós. O fluxo da corrente quente de Kuroshio varia no espaço e no tempo, de facto, entre 1 e 5 nós, em relação às mudanças no campo de pressão atmosférica. A velocidade máxima no seu eixo é proporcional ao gradiente térmico vertical da coluna de água entre 0 - 200m. No verão, atinge velocidades de 24-36 milhas náuticas/24 horas, aumentando para 36-48 milhas náuticas/24 horas ao largo do lado oriental das ilhas Riu-Kiu; a 30°N, atinge 48-56 milhas náuticas/24 horas. Ao largo da Península de Boso, a 36° de latitude norte, ao virar para leste, a velocidade da corrente começa a diminuir de cerca de 50 milhas náuticas/dia para cerca de 24 milhas náuticas/dia. *Transporte*. De um modo geral, o volume de água transportado pelo Kuroshio aumenta de sul para norte, uma vez que, à medida que se desloca para norte, retira água do grande remoinho à sua direita e dos mares costeiros à sua esquerda. [3]Os autores que estudaram este aspeto do Kuroshio admitem que o volume transportado varia entre 30 e 50 x 106 m /s.

Características. As águas da corrente principal do Kuroshio têm uma transparência limitada a 25,40 m. A salinidade é inferior à média do Pacífico 34,9°/00, no entanto, é elevada para a zona que atravessa, sendo superior a 34,5°/00 no núcleo da corrente, a salinidade situa-se normalmente entre 34,8°/00 e 35,1°/00. [3]O teor de oxigénio dissolvido é de cerca de 5 a 5,5 cm/L. Todas estas propriedades da Corrente de Kuroshio mudam com a distância percorrida, à medida que as águas costeiras de diferentes mares são adicionadas e misturadas com ela.

Papel e importância. À medida que se deslocam para norte, as águas do Kuroshio perdem algum do seu calor; no entanto, mantêm uma temperatura suficientemente elevada para ter um efeito benigno nas condições gerais da região. Assim, as ilhas do sul do Japão que estão sob o efeito das águas quentes desta corrente adquirem um clima quase tropical. Entretanto, as ilhas do norte do respetivo país que estão sob a influência das correntes frias Oyashio e Sakhlin têm um carácter ártico.

A deriva das águas ou correntes do Pacífico Norte. As águas da Corrente de Oyashio e da Corrente de Kuroshio fluem lado a lado, lentamente, de oeste para leste, através do Pacífico. Neste movimento de dois anos para a região ao largo da América do Norte, as águas de ambas as correntes perdem as suas características iniciais e, pela adição de outras águas, alargam-se gradualmente. A partir do meridiano 138°W para leste, são designadas por Corrente do Pacífico Norte.

Na realidade, é o movimento das águas superficiais sob o impulso dos ventos de oeste. A sua velocidade é de 0,50 min/h. Esta corrente tem a sua origem a leste da zona de confluência das duas correntes acima mencionadas e o seu termo ao largo da costa da América do Norte, onde se subdivide em dois ramos: um que se dirige para norte, ao largo do estado de Washington, e que forma a Corrente do Alasca; o outro que se dirige para sul, como Corrente da Califórnia. Este ramo estabelece a junção com a Corrente Equatorial Norte, para a qual chamamos a nossa atenção nas linhas seguintes.

O sistema da corrente da Califórnia. Em frente à Califórnia existe uma região de transição entre a zona de fole do norte e a zona equatorial do sul. Aqui o sistema da Corrente da Califórnia desenvolve o seu fluxo, que inclui a Corrente da Califórnia, a Contracorrente Submarina e a Contracorrente de Davidson.

Antecedentes. Uma das regiões onde as correntes oceânicas têm sido estudadas com maior dedicação é ao largo da Califórnia. A série de estudos científicos destas correntes foi iniciada por Tthorade (1909), e prosseguiu com maior entusiasmo entre 1931-1941. Sverdrup e Fleming (1941), Tibby (1941) e outros contribuíram com valiosos conhecimentos sobre o problema da circulação na região. A estes esforços juntaram-se mais tarde Wooster e Cromwell (1958), Reid (1961), Roden (1962), Wyrtki (1965) e outros. A Corrente da Califórnia é a maior das correntes marginais do Pacífico Nordeste, fluindo para sul para substituir as águas que se deslocam para oeste sob o impulso dos ventos alísios do NE. A corrente recebe

também as águas mais frias ao largo da costa da Califórnia, especialmente no verão.

Origem. Pouco antes de chegar à costa americana, a corrente do Pacífico Norte divide-se em dois ramos: um vai para norte, formando a corrente do Alasca, e o outro vai para sul, formando a corrente da Califórnia. Trata-se de uma corrente periférica do Pacífico Norte que transporta águas relativamente frias para sul. Esta corrente flui ao largo da costa oeste da América do Norte numa direção geralmente sudeste, de cerca de 48°N a 23°N de latitude. O seu comprimento é de aproximadamente 200 m (entre 0-200 m). As variações sazonais do vento e os processos de afloramento na zona costeira introduzem alterações importantes nas velocidades de fluxo da Corrente da Califórnia durante os diferentes meses do ano. Na zona em que a corrente se transforma para oeste na Corrente Equatorial Norte, as velocidades médias permanecem muito baixas, mas quase uniformes a 0,3 nós ao longo do ano. [3]Apesar de ser muito larga, a Corrente da Califórnia transporta apenas cerca de 10 milhões de m /s entre a superfície e o nível de 1500 decibares.

Características: A Corrente da Califórnia é constituída por águas subárcticas, águas centrais e águas equatoriais misturadas.

Salinidade. As águas de salinidade relativamente elevada entram na região no verão (maio a setembro) e no inverno (dezembro e janeiro).

Temperatura. A corrente tem temperaturas relativamente baixas; para tal contribui a ressurgência costeira, que começa em março e se prolonga até julho. As temperaturas da primavera são mais baixas do que as do inverno em todas as zonas de ressurgência intensa. A partir destes afloramentos, as línguas de água fria estendem-se para sul, separadas umas das outras por línguas de água mais quente que se deslocam em direção à costa, geralmente para norte.

A Corrente da Califórnia parece uma imagem em espelho da Corrente do Peru. Ambas são correntes marginais, ambas pertencem a um giro anticiclónico das águas e ambas se dirigem para o equador, estando ligadas às zonas de afloramento costeiro. O que as distingue é a latitude em que se originam e a latitude em que incorporam as suas águas numa das correntes equatoriais.

A contracorrente de Davidson. Os autores americanos mencionam nos seus estudos a "Corrente Davidson". Mas na realidade é uma contracorrente

subsuperfície, porque flui na direção oposta ao vento alísio NE e à corrente da Califórnia. Quando a ressurgência costeira cessa na região da Califórnia durante o outono, desenvolve-se uma contracorrente no flanco oriental da Corrente da Califórnia, que flui para norte durante o inverno.

Curso. A contracorrente de Davidson flui de sul para norte na zona costeira da Califórnia, atingindo o seu maior desenvolvimento nos meses de novembro a janeiro, quando aparece à superfície.

Largura. É variável e pode atingir até 165 milhas náuticas.

A contracorrente da Califórnia. Durante a temperatura de ressurgência, uma contracorrente subsuperficial desenvolve-se ao largo da Califórnia. Segundo alguns autores (Sverdrup, Jonson e Fleming), esta contracorrente seria uma manifestação subsuperficial da contracorrente mais profunda que pode ocorrer apenas em certas estações, quando o vento enfraquece.

Curso. A contracorrente da Califórnia flui abaixo dos 200 m de profundidade perto da costa oeste dos Estados Unidos da América do Norte, movendo as águas equatoriais para norte sob a corrente da Califórnia.

Largura. É de 40 a 50 milhas náuticas na latitude 36°N.

Velocidade. 0,5 nós ao largo do Estado de Washington e 0,2 nós ao largo da Califórnia.

Direção. A contracorrente atinge o seu desenvolvimento máximo em janeiro (inverno no hemisfério norte); então, a uma profundidade de 250 m., o seu fluxo geral é para norte, até 100 milhas da costa, e depois para noroeste. Este fluxo apresenta flutuações quase periódicas com períodos diurnos e semi-diurnos.

Circulação no Golfo da Califórnia e sua vizinhança.

(1) **A circulação no Golfo da Califórnia** é uma exceção à circulação no resto do oceano entre as mesmas latitudes. A massa de água deste golfo é proveniente do Pacífico Equatorial e mantém as suas características abaixo da termoclina, enquanto que na camada superficial é modificada por uma intensa evaporação e mistura com água de traíra pela Corrente da Califórnia.

(2) **A circulação nas proximidades do golfo da Califórnia** é afetada pelas águas transportadas para sul pela corrente da Califórnia e pelas águas do México e da América Central. Caracteriza-se por uma baixa temperatura, uma baixa salinidade e um teor relativamente elevado de oxigénio dissolvido. Tem uma temperatura superficial muito elevada e um teor de oxigénio muito baixo abaixo da termoclina. Entre as duas águas de características diferentes, é necessária uma região de transição distinta entre 17°N e 20°N. Trata-se da frente entre a Corrente da Califórnia e a água superficial do Pacífico Tropical Oriental, que se situa entre 0-50m.

Correntes oceânicas na região subárctica do Pacífico. O subártico do Pacífico é definido como uma região em que existe uma haloclina distinta que separa uma camada superior menos salgada de uma camada inferior mais salgada.

As características subárcticas estão limitadas à camada superior e à haloclina. A camada superior estende-se a uma profundidade de 85 (+75) a 200 (+50) m e apresenta um aumento da salinidade para 33,8 + 0,1%. A baixa salinidade da camada superior e da haloclina é um efeito do excesso de precipitação sobre a evaporação nesta região, que desempenha um papel importante na circulação subárctica. No Planalto Subártico, desenvolve-se uma circulação ciclónica sob o impulso dos ventos em que participa:

A Corrente do Alasca. Flui em torno do Golfo do Alasca, mas parte das suas águas atravessa o Pacífico para oeste ao longo da cadeia meridional das Ilhas Aleutas e dispersa-se no Mar de Bering. Esta parte que corre para oeste é designada por Corrente do Alasca. A outra parte das águas que correm em torno do Golfo com o mesmo nome é o Giro do Alasca.

Origem. A Corrente do Alasca tem a sua origem na zona terminal da deriva do Pacífico Norte.

Velocidade. No lado ocidental do Pacífico subártico, flui com velocidades de 80 cm/s à superfície e 60 cm/s a 300 m de profundidade. Por conseguinte, há que ter em conta que existem diferenças de velocidade a diferentes profundidades.

Direção. As medições do flutuador de para-quedas indicaram que a direção do fluxo da Corrente do Alasca é para oeste.

Características. A corrente do Alasca caracteriza-se por uma temperatura superior a 4°C e uma salinidade inferior a 32,6% à superfície. A isotérmica de 4°C aprofunda-se até 400 m. no limiar das Aleutas, em plena corrente, e sobe abruptamente até 25 m. acima deste limiar, onde a corrente está ausente. A salinidade permanece baixa em toda a área da corrente.

Papel e importância. As águas da Corrente do Alasca são geralmente mais quentes do que as águas circundantes e exercem, por conseguinte, uma influência suavizante em toda a região. A sua presença é uma fonte de atração para muitos peixes da região subárctica.

A corrente de Oyashio é periférica e desloca a água fria para sul e depois para leste.

Origem. A corrente tem origem no Mar de Bering a partir das águas em torno do Mar de Bering e flui no sentido contrário ao dos ponteiros do relógio.

Velocidade. Geralmente, a velocidade desta corrente varia com as estações do ano, mas também há variações de ano para ano.

Direção. O Oyashio corre para sul e sudeste.

Transporte. Transporta águas árcticas de baixa temperatura e salinidade para Hokkaido.

Características. Esta corrente marginal permanece sob a influência do clima continental da atmosfera com a qual está em contacto. As suas águas têm baixa temperatura e salinidade relativamente baixa. A temperatura é de 1°C a 2°C e a salinidade é de 35,5%. No verão, verifica-se um aquecimento das águas superficiais até uma profundidade de cerca de 25 m.

Papel e importância. As águas frias de tipo árctico da Corrente de Oyashio impõem condições árcticas na ilha de Hokkaido (Japão) e na região de confluência com a Corrente de Kuroshio, situada entre 35°N e 40°N. As oscilações norte-sul da zona de confluência têm efeitos consideráveis na agricultura do norte do Japão. Os japoneses utilizam amplamente o conhecimento deste comportamento dos peixes, concentrando uma grande parte das suas actividades de pesca na respectiva zona.

A corrente de Sakhalin. Flui no Mar de Okhotsk ao largo da costa oriental da ilha com o mesmo nome e transporta água fria de muito baixa salinidade.

Origem. Esta corrente tem origem na zona sub-árctica como parte integrante do movimento de turbilhão das águas superficiais entre Kamchatka e a ilha de Sakhalin.

Dimensões. A corrente de Sakhalin é tipicamente pouco profunda; as suas águas estão presentes apenas entre 0-100m.

Transporte. O volume de água transportado por este curso de água é desconhecido, mas admite-se que varie no início de cada inverno.

Características. A Corrente de Sakhalin é fria e caracteriza-se pela sua temperatura quase uniforme entre 0-100 m e pela sua clorinidade (Cl = 17,80 no verão) que se deve às enormes quantidades de gelo que se formam no Mar de Okhotsk, onde atingem uma espessura de cerca de 1 m. durante cada inverno.

Papel importante. Desempenha um papel importante na deslocação do gelo ao longo da costa leste da ilha com o mesmo nome. Desloca grandes quantidades de gelo em direção à costa norte da ilha de Hokkaido, afectando a vida e as indústrias da região.

As correntes do Estreito de Bering. O Estreito de Bering liga as águas do Ártico às do Mar de Bering. O Estreito de Bering caracteriza-se pela sua pequena largura e pouca profundidade. Ambas as características contribuem para o aumento da velocidade das correntes de superfície.

A circulação atmosférica nesta região é caracterizada por correntes de ar que se deslocam de norte para sul durante grande parte do ano, com um transporte máximo em fevereiro. A variação da intensidade dos ventos reflecte-se na circulação das correntes que atravessam o Estreito de Bering:

A Corrente de Bering. Este nome é utilizado aqui pela primeira vez para substituir o nome - Corrente do Mar de Beringl- utilizado por outros autores.

Origem. Esta corrente tem origem no Mar de Bering e contribui para a troca de água entre o Pacífico Norte e o Ártico.

Velocidade. A corrente flui ao longo do ânus, embora com intensidade variável. A sua velocidade pode atingir os 40 cm/s.

Direção. A corrente move-se de sul para norte, atravessando o Estreito de Bering no lado oriental.

Transporte. Esta corrente fornece 22% do volume de água que abastece o Ártico. A contribuição mínima ocorre durante o inverno e o início da primavera e a máxima em julho e agosto, ou seja, durante o verão do hemisfério norte. O Estreito de Bering oferece condições favoráveis para o estudo das variações do transporte de água e de calor em diferentes anos.

Características. Temperatura relativamente elevada e elevado teor de sílica.

Papel e importância. Devido às características particulares das suas águas, a Corrente de Bering exerce a sua maior influência no regime hidrológico da Bacia do Ártico no Mar da Sibéria SE. Nos anos em que as águas da corrente conseguem avançar para o pólo, a espessura do manto de gelo altera-se e, em geral, as condições na camada superior de 50-100 m.

A Corrente Polar. Na extremidade ocidental do Estreito de Bering corre uma corrente irregular chamada Corrente Polar. É mais forte no outono. A sua origem situa-se na região árctica. Pelas suas características e pelo seu papel no transporte de gelo.

Correntes oceânicas do Pacífico no hemisfério sul. As correntes horizontais do Pacífico Sul são elementos dinâmicos que estão diretamente relacionados com os grandes sistemas de ventos existentes no hemisfério sul e com o movimento geral das águas que contribuem para a sua origem.

A parte do Oceano Pacífico que se situa no Hemisfério Sul, sob o domínio de 2 sistemas de ventos: O sistema de ventos de oeste, denominado -Bramadorl e o sistema de ventos tropicais de sudeste, denominado -Alisiosl. A ação dos ventos sobre a superfície do oceano e o seu efeito sobre as primeiras camadas de água é de particular importância para a circulação oceânica.

Cada sistema de ventos empresta parte da sua força à origem e manutenção das correntes oceânicas. Quanto mais fortes forem os ventos, maior será a sua influência no movimento superficial das águas e maior será a influência da circulação geral dos oceanos na situação local deste movimento superficial. As mudanças que causam, além disso, variações na intensidade do movimento vertical das águas ao longo da margem dos continentes são melhor ilustradas pela ressurgência equatorial.

Os principais sistemas de correntes oceânicas no Pacífico Sul são os seguintes: O Sistema da Corrente da Austrália Oriental, a Grande Deriva Transoceânica do Pacífico Sul e o Sistema da Corrente do Peru.

O sistema da Corrente da Austrália Oriental. Uma circulação complexa está a desenvolver-se ao largo do leste da Austrália. As correntes oceânicas e as contracorrentes formam o sistema da Corrente da Austrália Oriental, que inclui: Um ramo que se move para sul, 28 S-33 S a 110 km da borda da plataforma continental; Um forte ramo ao largo, 220-320 km, que também flui para sul; Um forte ramo ao largo, 220-320 km, que também flui para sul; Um forte ramo ao largo, 220-320 km, que também flui para sul. Um outro ramo forte ao largo, 220-320 km, que também flui para sul; um anticiclone a sul de 39 S, redemoinhos e correntes a eles associadas, correntes de subsuperfície. Segue-se uma descrição das principais correntes do sistema.

A Corrente da Austrália Ocidental. É um fluxo marginal, impulsionado pelo vento, em direção ao sul, perto da borda da plataforma continental australiana entre as latitudes 27°S-33°S ao longo do ano com intensidade variável. Esta corrente tem dois ramos, um interno e outro externo. O ramo inferior flui para sul junto à costa, afastando-se da costa entre as latitudes 33°S - 34°S, dirigindo-se para norte ou nordeste. O ramo exterior dirige-se para norte e flui como uma -Contracorrientell.

Origem. As águas quentes desta corrente alimentam, na parte ocidental do seu curso, uma corrente oceânica que flui para sul ao largo da Áustria Oriental, razão pela qual é designada por Corrente da Austrália Oriental.

Posição. O ramo interior da Corrente da Austrália Oriental que flui para sul situa-se a 110 km da borda da plataforma continental.

Dimensões. O ramo da Corrente da Austrália Oriental que flui para sul tem uma largura de 100 a 150 km, mas o núcleo varia entre 40 e 80 km.

Estabilidade. A corrente de superfície da Austrália caracteriza-se pela sua falta de constância. Flui para sul em certas estações e para norte noutras estações.

Velocidade. A intensidade desta corrente é maior de dezembro a março (verão), com velocidades de cerca de 5 cm/s. No seu núcleo, a corrente atinge velocidades de 50 cm/s. A velocidade máxima é de 2 nós na latitude 30°S.

Direção. O ramo interior corre para sul, o ramo exterior move-se na direção oposta, ou seja, para norte.

Características. A temperatura à superfície apresenta uma variação de 1,5° a 3,5°C. A distribuição vertical da temperatura varia com a profundidade.

Importância. A corrente interior do leste da Austrália desloca águas muito quentes para sul, permitindo que muitos animais tropicais possam viver aqui.

A *Contra-Corrente da Austrália Oriental.* Ou corrente de retorno faz parte da Corrente da Austrália Oriental. A contracorrente ocupa uma posição sempre localizada a leste do ramo interno do sistema da Corrente da Austrália Oriental.

A *Corrente da Tasmânia*. No Mar da Tasmânia, entre as latitudes 30°S e 35°S, existe uma corrente de superfície que flui para leste, atravessando o norte da Nova Zelândia. Quando atinge a área de influência dos Bramadores, as suas águas juntam-se à Corrente do Pacífico Sul.

A Corrente *Leste da Nova Zelândia*. Flui para a ilha da Tasmânia sob a forma de um sistema de remoinhos.

A grande deriva transoceânica das águas do Pacífico Sul. Entre o Anticiclone do Pacífico Sul e o continente antártico situam-se a região subantárctica e a região antárctica, separadas entre si pela Convergência Antárctica. Aqui podemos distinguir 3 movimentos das águas superficiais: a grande deriva transoceânica do Pacífico Sul, a Corrente Circumpolar Antárctica e a Corrente Antárctica Sul (para oeste).

A grande deriva transoceânica do Pacífico Sul, também conhecida como Corrente do Pacífico Sul, é gerada pela ressurgência e desenvolve-se entre a latitude 35°S, a norte, e a Convergência Antárctica, a sul, cuja posição se situa entre 47°S e 63°S, variando em cada longitude. A região da deriva do Pacífico Sul está dividida em duas partes desiguais, sendo a zona divisória a Convergência Antárctica, cuja posição geográfica é de sul para norte e vice-versa com as estações do ano. O movimento das águas superficiais para leste permite reconhecer duas partes: uma para norte, entre 35°S e 40°S, e outra para sul, entre 40°S e 63°S. A parte norte pertence ao movimento anti-clónico subtropical das águas do Pacífico Sul, enquanto a parte sul é uma componente da Corrente Circumpolar Antárctica. A grande Corrente do Pacífico Sul movimenta enormes volumes de água de oeste para leste, embora seja dëbil e altamente variável.

Origem. Tem origem no leste e no sul da Austrália. Na Austrália oriental é alimentada pelas correntes da Austrália Oriental e da Tasmânia. No sul, recebe grandes volumes de água do Oceano Índico.

Fronteiras. No lado ocidental do Pacífico não há fronteira, apenas a Austrália pode ser constituída, em parte. A norte e a sul, as convergências subtropical e antárctica podem constituir a fronteira. A leste, a fronteira é representada pela corrente sul-americana que se estende até à latitude 56°S. Uma parte da água está orientada para sul e curva-se em torno do Cabo Horn sob o nome de Corrente do Cabo Horn; a outra parte está orientada para norte, dando origem à Corrente do Peru.

Dimensões. O leste pode ser identificado desde a superfície até uma profundidade de cerca de 500 m na área entre 30°S e 40°S ao sul, a situação é complicada pelos movimentos de subsidência de algumas das águas que se tornam mais densas à medida que se misturam com as águas antárcticas.

Estabilidade. As águas superficiais do Pacífico Sul para leste registam variações sazonais e também grandes irregularidades, tal como a intensidade do vento. De tempos a tempos, as águas do Pacífico Sul viram-se para norte mais cedo do que o habitual, o que tem um impacto em todas as outras correntes de superfície e nos seus limites.

Velocidade. A maior parte da água do Pacífico Sul move-se para leste, com velocidades de 2 a 9 cm/s à superfície, aumentando para 12 cm/s. A velocidade diminui para profundidades maiores, sendo muito pequena abaixo dos 300 m.

Direção. As águas deslocam-se geralmente para leste, mas a 35° de latitude Sul parecem desviar-se para oeste, mas apenas abaixo dos 400 m de profundidade.

Características. As águas do Pacífico Sul têm características de águas de zonas temperadas, mas no seu limite sul recebem águas polares do Antártico que, impulsionadas pelos ventos, conseguem atravessar a Convergência Antárctica. Na parte oriental, a Corrente do Cabo Horn tem temperaturas de 5°C a 6°C em novembro e dezembro em toda a América do Sul. Mais a sul, em direção à convergência antárctica, a temperatura desce rapidamente para cerca de 2°C no verão.

A **Corrente Circumpolar Antárctica**. É a única corrente oceânica de superfície que flui livremente à volta de um continente. O espaço geográfico em que flui não apresenta obstáculos naturais à sua progressão, pelo que consegue atravessar todas as longitudes e contornar o continente antártico. Entre a corrente e a Corrente do Pacífico Sul existem redemoinhos e contracorrentes, que desempenham o papel mais importante na zona de convergência estreita; esta situa-se na latitude de 61°S e 62°S nas longitudes de 80°W e 90°W, zona em que o regime da corrente é bastante incerto e a velocidade varia muito. Atinge 0,5 a 1,0 nó na costa sul do Chile, enquanto a sul da convergência é superior a 0,5 nó. Assim, vale a pena referir que as águas da corrente circumpolar penetram no Pacífico Sul, tal como nos outros oceanos, mas só no primeiro é que atingem as baixas latitudes num estado relativamente não misturado.

A **corrente do Sul do Antártico**. No sul, perto do continente antártico, sopram ventos de leste durante quase todo o ano. As correntes de superfície que aí se formam fluem para oeste junto à costa do continente, transportando as suas águas frias. A Corrente Antárctica Sul é forte a oeste, estando separada da Corrente Circumpolar Antárctica pela Divergência Antárctica II, localizada nas latitudes 70°S e 72°S sobre as longitudes 80° e 90°W. A norte desta, sopram fortemente ventos de oeste. **Papel e importância**. A Corrente Sul-Santárctica facilita a penetração de navios para sul; as suas águas quentes são a via de acesso de muitos organismos pelágicos e fitoplanctónicos para sul do Mar de Weddel. A Corrente Sul do Mar Báltico transporta frequentemente grandes blocos de gelo que se separaram da plataforma de gelo.

Correntes no Golfo de Guayaquil. O Golfo de Guayaquil estende-se por cerca de 180 km para o interior e atinge uma largura de 100 km entre Punta Salina e Punta Santa Elena. A região do Golfo está sob o regime de ventos alísios que têm um ciclo anual. Sopram com maior intensidade durante a época de inverno, enfraquecendo no verão. De acordo com as mudanças na circulação atmosférica, há mudanças na circulação das águas, que são maiores nas fases do regime de ventos de inverno do que no regime de ventos de verão e nesta região.

Características oceanográficas do Golfo de Guayaquil. As águas dos rios Guayas e Tumbes misturam-se com as águas marinhas, dando origem a águas de baixa salinidade (inferior a 34,0°/00) e alta temperatura (superior a 20°C). Estas águas são leves e ocupam a parte superior do mar, deslocando-se para oeste. No hemisfério exterior do golfo, encontram-se com as águas mais frias provenientes da costa noroeste do Peru. A zona de contacto entre as águas é normalmente bem distinguível em dias de mar calmo, tanto pela diferença de cor da água como pela presença de uma zona de escarpas que se estende para noroeste, desaparecendo no horizonte.

Estrutura no Golfo. Abaixo da água superficial clara existe um gradiente de temperatura pronunciado que representa as características mais proeminentes. A camada com esta descontinuidade de temperatura aprofunda-se em direção à costa equatorial e é geralmente de descontinuidade óbvia também para a distribuição vertical das outras propriedades da água. Dentro desta camada de descontinuidade, a água flui lentamente em direção à costa.

A corrente de superfície move-se normalmente para SW em outubro e novembro, a temperatura do mar entre Punta Santa Elena e as Ilhas Galápagos nestes meses é de 22° a 23,5°C. Em novembro, uma língua de água quente aparece com uma temperatura de 23,5°C a

25,1°C e salinidade de 33°/00. Isto indica que a água de superfície provém de um movimento ativo de água quente. Em dezembro-fevereiro há normalmente uma invasão de água quente vinda do leste das Galápagos que afecta as condições oceanográficas da região.

O Sistema da Corrente do Peru. Os ventos que sopram ao largo do Peru, paralelos à costa e orientados para o equador, provocam um transporte de água para oeste, num movimento divergente em relação à costa oeste da América do Sul. As águas que participam neste movimento pertencem ao sistema da Corrente do Peru.

Este sistema está localizado no lado leste do anticiclone subtropical. Os seus ramos superficiais fluem para noroeste na zona dos ventos alísios de sudeste e juntam-se à Corrente Equatorial Sul. As águas que se deslocam ao largo da costa oeste da América do Sul, pertencentes ao giro anticiclónico, são designadas por Corrente de Perul. Na realidade, trata-se de um sistema de correntes constituído por:

- Os ramos da corrente de superfície peruana que fluem para noroeste.
- Contracorrentes subsuperficiais que também podem ocorrer transitoriamente à superfície do mar.
- Contracorrentes pouco profundas e irregulares.
- Correntes de maré.
- As banheiras de hidromassagem.
- O afloramento.

A Corrente do Peru tem: a Corrente Costeira do Peru e a Corrente Oceânica do Peru que se formam na área das maiores oscilações locais de velocidades.

A *Corrente Costeira do Peru*. Este nome é aplicado ao sistema de correntes costeiras que têm sido frequentemente associadas ao nome - Corrente de Humboldt.

A *Corrente Oceânica do Peru*. Este nome será mantido para as águas offshore que partilham o movimento para norte da circulação anticiclónica, mas que são diferentes na sua composição.

Os dois nomes também serão mantidos em nossa descrição, embora as águas de ambos os ramos se fundam no inverno, quando os fortes ventos alísios forçam a Contracorrente do Peru a permanecer abaixo da superfície do mar, a uma certa profundidade. A Corrente Costeira do Peru. Tem origem na região ao largo da costa ocidental da América do Sul. Na respectiva área, situa-se no verão entre 40°S e 41°S e no inverno entre 32°S e 33°S.

Posição. A Corrente Costeira do Peru sobrepõe-se ligeiramente à região de afloramento costeiro do norte do Chile e ao longo da costa do Peru. No noroeste do Peru, as suas águas dirigem-se para as Ilhas Galápagos; para além deste arquipélago, a corrente entrega as suas águas à Corrente Surecuatoriana que flui em ambos os lados do equador geográfico.

Fronteiras. São os seguintes:

- *Limites meteorológicos*. Talvez o mais importante seja a condensação de nuvens sobre a zona de afloramento mais fria, que tem como efeito uma transmissão mais fraca da luz para o mar. Devido a esta iluminação deficiente, o fitoplâncton aproxima-se da superfície na zona costeira, enquanto na região oceânica permanece a uma certa profundidade; é por isso que as águas costeiras parecem verdes e as águas oceânicas da região têm uma cor ultramarina.

- *A fronteira no plano vertical*. As camadas de água na região da corrente costeira entre a superfície e uma profundidade de 400 m são física, química e biologicamente diferentes. Com efeito, abaixo da superfície, as águas que fluem para norte são de origem subantárctica, enquanto que abaixo delas existem águas quentes e de elevada salinidade que se deslocam para sul sob a forma de uma contracorrente intercalada que se desloca entre a água subantárctica e a água antárctica intermédia, flui em direção à região de afloramento, cedendo uma parte da sua água para compensar a água de afloramento que se afasta da costa na camada superficial.

- *O limite oeste da Corrente do Peru.* As isotermas são orientadas de oeste para leste na maior parte do oceano, mas à medida que se aproximam da costa da América do Sul, elas se voltam para o norte até ficarem paralelas à costa. É aqui que o efeito da baixa temperatura das águas de ressurgência é sentido. Esta influência costeira é muito mais pronunciada ao largo do Peru do que ao largo do Chile; é também mais evidente no noroeste do Peru do que no resto do Pacífico peruano. O arrefecimento causado pelas águas de afloramento é observado até à região central do Pacífico. Ao largo do Chile, o efeito atinge apenas 50-130 milhas a oeste, enquanto ao largo do Peru central se faz sentir até 150-250 milhas. No noroeste do Peru, este efeito estende-se ainda mais para oeste. No entanto, a mistura contínua das águas faz com que o limite ocidental da Corrente Costeira desapareça, especialmente no inverno, quando as águas superficiais do ramo costeiro da corrente se encontram com as águas do ramo oceânico da corrente.

- *O limite sul da Corrente Costeira do Peru.* ¿Onde começa a Corrente do Peru? Como indicado anteriormente, a sul da latitude de 35°S, as águas subantárcticas deslocam-se de oeste para leste (deriva do Pacífico Sul) até chegarem ao continente sul-americano. Perante este obstáculo natural que atrasa o seu avanço, as águas dividem-se: um ramo, denominado Corrente do Cabo Horn, dirige-se para sul e o outro, a Corrente do Peru, vira-se para norte, e é neste ponto que tem a sua origem. A corrente permanece oceânica até se misturar com as águas resultantes da ressurgência costeira. Isto ocorre nas latitudes 30°S - 29°S, ou seja, perto do local onde a Convergência Subtropical está mais próxima da costa e a água de afloramento tem menor salinidade do que o oceano adjacente.

- O hemisfério norte da Corrente Costeira do Peru. As águas frias da Corrente Costeira Peruana giram para oeste no norte do Peru e juntam-se à Corrente Equatorial Sul. Entre as suas águas e as águas equatoriais existe uma fronteira hidrográfica. Esta fronteira é reconhecível em todos os perfis transequatoriais e representa o verdadeiro limite norte desta corrente em direção às águas equatoriais de menor salinidade e maior temperatura. Trata-se, de facto, de uma zona de convergência cuja posição varia com as estações do ano.

Dimensões. A largura e o comprimento da Corrente do Peru são variáveis e dependem do fluxo e do transporte que se efectua em cada mês e em cada ano.

A estrutura hidrográfica da Corrente Costeira do Peru. A estrutura desta corrente tem as seguintes características principais.

- Em direção à costa, existem águas relativamente frias de salinidade mais baixa (inferior a 35^ que sobem à superfície a partir de profundidades moderadas até 130 m).

- No lado esquerdo da corrente, quer a leste quer a oeste, encontram-se águas mais quentes e de maior salinidade, susceptíveis de afundar.

- Em profundidade, existe um sistema de correntes que flui em direção oposta à Corrente Costeira Peruana.

Estabilidade. Tem o seu máximo no inverno e o seu mínimo no verão, sendo afetada por (1) convecção meteorológica no inverno e (2) intrusão de água de alta qualidade no verão. As condições meteorológicas instáveis em todas as regiões do Peru durante o verão impõem maiores irregularidades também na Corrente do Peru. Assim, em fevereiro-março, a corrente torna-se mais fraca e a temperatura da água aumenta em cerca de 4°C perto da costa peruana. A frente da corrente recua para o sul e a região sofre com a invasão de águas oceânicas mais quentes das áreas vizinhas.

Velocidade. É largo mas relativamente pouco profundo e, por conseguinte, lento. Desloca as suas águas superficiais com uma velocidade de 0,2 a 0,3 nós até à região noroeste do Peru. Entre 5°S e 4°S, deixa a região costeira e aumenta a sua velocidade para cerca de 0,5 - 0,7 nós. É mais forte em agosto e setembro em 2 regiões, nomeadamente no sul entre Mollendo e San Juan e no norte entre Puerto Eten e Punta Aguja. Ambas são regiões de afloramento intenso e em ambas é mais evidente a divergência das águas superficiais que tendem a afastar-se da costa sob a influência da Força de Coriolis. A corrente flui com velocidade variável ao largo de Callao e um pouco mais a norte. Podemos, portanto, afirmar que esta corrente aumenta de velocidade para norte, à medida que recebe a entrada lateral do afloramento e da contracorrente. No entanto, a velocidade diminui com a profundidade e também em certas zonas.

Direção. Esta corrente flui com uma direção geral para o equador ao longo da costa oeste da América do Sul até cerca da latitude 4°S, onde vira para noroeste, afastando-se da região. Entre 15°S e 14°S também vira para o largo, demonstrando que a corrente da linha de costa influencia a orientação geral da corrente, e onde o contorno muda a sua orientação a corrente também tem uma tendência para se afastar da costa.

Características. A salinidade das águas desta ribeira é de 34,90% a 35,0%. A temperatura varia com as estações do ano, oscilando entre 12° e 14°C no inverno e entre 15° e 147°C no verão, podendo também atingir valores mais elevados. A maior densidade encontra-se no flanco direito da Corrente do Peru, onde se encontram águas mais frias. No lado esquerdo, as águas têm uma densidade mais baixa. As diferenças de temperatura, salinidade e densidade são mantidas devido à componente vertical e transversal da velocidade. Vale a pena mencionar que na região da Corrente do Peru há uma ausência de oxigénio dissolvido a profundidades moderadas. O topo da respectiva camada está próximo da superfície na região ao largo de Callao e aprofunda-se para norte e sul. A espessura da respectiva camada é de várias centenas de metros. As condições são quase anaeróbias.

Importância. Tem efeitos sobre o clima, o tempo no mar costeiro e na costa adjacente, bem como sobre a capacidade de produção e a distribuição dos organismos nesta parte do Pacífico Sudeste. As irregularidades observadas nas condições do mar, especialmente no fluxo de água e a ocorrência de condições extremas em certos organismos marinhos e efeitos inesperados sobre o comportamento da vida marinha e aves guano.

A *Corrente Oceânica do Peru*. O ramo oceânico da Corrente do Peru está localizado a oeste do ramo costeiro, bem ao norte da latitude de 20°S, de novembro a março de cada ano. O fluxo desta corrente desenvolve-se a velocidades um pouco mais elevadas do que o da Corrente Costeira do Peru.

BIBLIOGRAFIA

POPOVICI, ZACARIAS

Ensaio sobre Oceanografia Física. Imarpe, La Punta - Peru , 1966

CORRENTES OCEÂNICAS

http://www.inocar.mil.ec/boletin/ecorrientes.html

GLOSSÁRIO

http://www.puc.cl/sw_educ/geo_mar/html/glosario.html#efecto6

VENTOS E CORRENTES OCEÂNICAS

http://www.puc.cl/sw_educ/geo_mar/html/h611.html

OCEANO PACÍFICO

" http://www.lafacu.com/apuntes/geografia/geograf%C3%ADa_el_oc%C3%A9ano_p